21世纪

高等学校精品规划教材配套指导书

气象学与天气学实习指导书

荣艳淑 葛朝霞 曹丽青 王万杰 编著

中国水利水电出版社
www.waterpub.com.cn

内 容 提 要

本书是配合水文水资源、气象学、大气科学、农业气象和地理学等专业的学生，在气象学和天气学实习过程中遇到的实际问题以及如何解决这些问题而编写的。全书分为四个部分：气象观测场各种气象仪器的工作原理；气象数据的记录；目测获得气象数据的方法；天气图绘制原理及方法。

本书既可作为水利院校、气象院校、农业院校、师范院校的学生的辅助教材，同时也可供相关专业的师生参考。

图书在版编目（CIP）数据

气象学与天气学实习指导书/荣艳淑等编著．—北京：中国水利水电出版社，2008（2023.2重印）

21世纪高等学校精品规划教材配套指导书

ISBN 978-7-5084-6276-9

Ⅰ．气… Ⅱ．荣… Ⅲ．①气象学-高等学校-教学参考资料②天气学-高等学校-教学参考资料 Ⅳ．P4

中国版本图书馆CIP数据核字（2008）第005658号

书　　名	21世纪高等学校精品规划教材配套指导书 **气象学与天气学实习指导书**
作　　者	荣艳淑　葛朝霞　曹丽青　王万杰　编著
出版发行	中国水利水电出版社 （北京市海淀区玉渊潭南路1号D座　100038） 网址：www. waterpub. com. cn E-mail：sales@mwr. gov. cn 电话：（010）68545888（营销中心）
经　　售	北京科水图书销售有限公司 电话：（010）68545874、63202643 全国各地新华书店和相关出版物销售网点
排　　版	中国水利水电出版社微机排版中心
印　　刷	北京印匠彩色印刷有限公司
规　　格	184mm×260mm　16开本　6.5印张　154千字
版　　次	2008年12月第1版　2023年2月第2次印刷
定　　价	**25.00**元

前　言

本书是依据气象学与气候学教学大纲的要求而编写的，对水文水资源、气象学、大气科学、农业气象和地理学等专业的学生，在气象学实习中深刻理解气象观测要求和记录气象观测数据提供帮助，在天气学实习中绘制不同类型天气图遇到的各种问题提供指导。

本书由河海大学水文水资源学院的荣艳淑、葛朝霞、曹丽青、王万杰编著。本书编写过程中还得到了天津市气象局业务处的武登会、天津市气象台的易笑圆、天津市气候中心的段丽瑶等人的帮助，在此表示感谢。

编者

2008 年 10 月 23 日于南京

目　录

一、气象观测场各种气象仪器的工作原理

1. 为什么气温要用百叶箱来测量？

目前测定温度的仪器均为接触式测温仪器，都是直接与空气进行热交换来量测气温的。但是测温仪器感受空气温度的同时，还会受到太阳及周围物体辐射的影响，而且仪器的感应部分对太阳及周围物体辐射能的吸收远大于空气。因此，太阳及周围物体的辐射对测定空气温度有严重的影响，产生“辐射误差”。另外，强风、雨、雪等天气现象也会影响空气温度的测定。为了使温度表的测定结果尽量接近原始气温，要尽可能地消除上述影响，因此需要用特定设备来解决，百叶箱就恰好能满足这种需要。

为了达到通风的目的，百叶箱两侧的箱壁由两排薄的木板条做成“∧”形，与水平面成45°角，以保证箱体四周通风；百叶箱的箱底由三块木板交错组成，中间一块木板稍高于两边的两块，并与两边相叠一小部分，其间约有0.5cm的空隙，空气可从箱底自由流入流出；百叶箱的箱顶由两块大小不同的木板组成，大的一块放在上面，并稍稍倾斜，两块木板间也有缝隙，空气也能自由流通。同时，这种设计结果还能减少地面反射辐射的影响，能阻止箱顶增热对箱内温度的影响。另外百叶箱内外都漆成了白色，可以进一步减轻辐射影响。

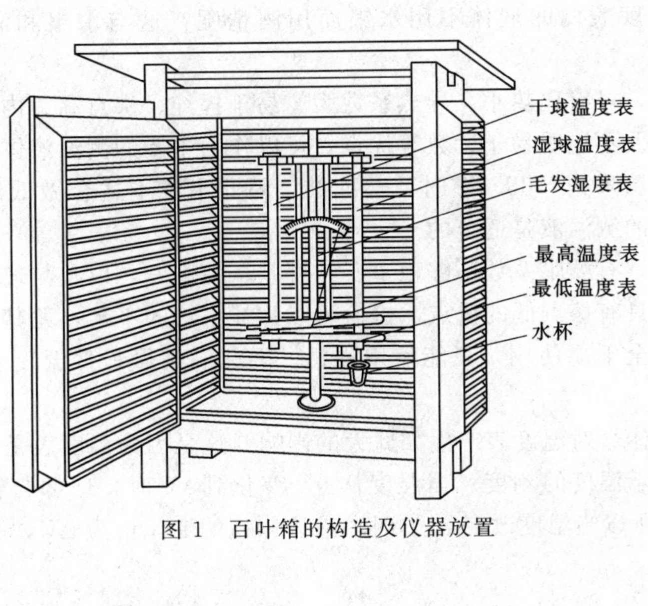

图1　百叶箱的构造及仪器放置

所以，把温度表放在百叶箱中（图 1）就可以防止太阳对仪器的直接辐射和地面的反射辐射，同时保护温度表免受强风、雨、雪的影响，并使仪器感应部分有适当的通风，能真实感应外界空气温度的变化。

2. 最高温度表是如何量测最高气温的？

最高温度表是用来测定一定时间段内最高温度的一种仪器，其构造和外形与普通温度表相似，由感应部分、鞍托、毛细管、水银柱、刻度磁板和外套管等几部分组成。与普通温度表有差异的是，在温度表接近感应部分附近的内管里嵌有一根玻璃针（图 2），使得球部上端和细管的连通处变得很狭窄。它的作用是当气温升高时，水银体积鼓胀，球内的部分水银能通过狭窄的通道上升；当气温下降时，水银体积收缩，狭窄处的水银柱断裂，细管内的水银柱仍留在原处。所以，水银柱顶端指示的是一日内的最高温度值。再用时，只需轻轻甩动温度表，使细管中的水银下落与球部水银相连接，直到水银柱顶端的示度接近当时的气温值为止。

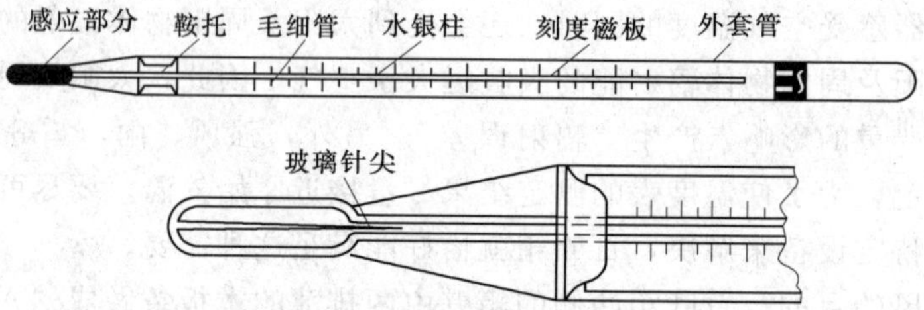

图 2　最高温度表及球部的构造示意图（中国气象局，2003 年）

3. 最低温度表中的液体是什么？

一般温度表内的液体是水银，而最低温度表内的液体是酒精，这是最低温度表与其他温度表显著不同的地方。

为什么最低温度表内的液体不用水银而用酒精呢？这与水银和酒精性能存在差异有关。

对于水银来说，具有比热小、导热系数大、易于提纯、沸点高、内聚力大，与玻璃不发生浸润作用，以及不透明易于读数等优点，可以作为主要的测温液体。不足之处是水银的熔点太高，当气温降到－38.5℃时就会冻结。因此水银不适合做低温表的测温液，但是，做最高温度表的测温液是适合的。

对于酒精而言，有鼓胀系数不够稳定、纯度差、易蒸发，以及与玻璃起浸润作用等诸多缺点，但是，却具有熔点低的优点，恰恰可以弥补水银的不足，尤其是气温降到－36℃以下时，水银已完全不能使用，只能使用酒精。因此酒精做最低温度表的测温液是很适合的。

为什么不同液体会对温度表产生如此大的影响？这是因为温度表是根据表球部内的液体膨胀或收缩来指示温度的刻度。当温度从 0℃变化到 t℃时，球部与管部的液体体积便从 V_0 变化到 V_t，所以当温度改变 Δt℃时，液体体积的变化量为 ΔV，所以

$$\Delta V = V_t - V_0 = V_0(1 + a\Delta t) - V_0 = aV_0\Delta t \tag{1}$$

式中：a 为测温液的视膨胀系数。

因温度变化 Δt 而引起的测温液体积变化量 ΔV，这时 ΔV 的测温液进入截面积为 S 的毛细管内，使得毛细管内液柱的长度改变了 ΔL，即

$$\Delta L = \frac{\Delta V}{S} = \frac{aV_0}{S}\Delta t \tag{2}$$

式中：V_0、a、S 对于一支温度表而言都是固定的，故液柱长度的改变 ΔL 与温度的变化成正比，温度升高，毛细管中的液柱就伸长，反之温度降低，这时，式（2）便可以改为

$$\frac{\Delta L}{\Delta t} = \frac{aV_a}{S} \tag{3}$$

式中：$\frac{\Delta L}{\Delta t}$ 表示温度每变化1℃时，液柱的变化量，即单位刻度的长度，也称为温度表的灵敏度。$\frac{\Delta L}{\Delta t}$ 取决于 V_0、a、S，当温度表球部的容积越大，毛细管横截面越小，则灵敏度越大，读数越精确。

由上述关系可以看出，测温液对温度表的影响很大，根据温度表的性能差异，选择不同的测温液是正确的。表 1 是水银和酒精物理特性的比较，表 2 是水银温度表和酒精温度表性能统计表。比较两个表便可以看出它们各自的特点。

表 1　　水银和酒精物理特性比较（谭海涛等，1980 年）

物理性质	鼓胀系数（18℃时）	比热 [J/（g·K）]	导热系数 [J/（cm·s·K）]	沸点（℃）	熔点（℃）	纯度	内聚力
水银	0.000181	0.13	0.08347	356.9	−38.9	好	大
酒精	0.00110	2.42	0.00180	78.5	−117.3	差	小

表 2　　水银温度表和酒精温度表性能统计表（陆忠汉等，1984 年）

项　目	温　度　表	
	水银温度表	酒精温度表
测量范围（℃）	−36 ～ +46；−26 ～ +51	−62 ～ +31
分度值（℃）	0.2	0.5
测量精度（℃，经器差订正后）	误差＜ ±0.1	误差＜ ±0.0

4. 为什么最低温度表要水平放置，而最高温度表要倾斜放置呢？

最低温度表和最高温度表在百叶箱中的位置如图 1 所示。你注意到了吗？这两支温度表均为朝东放置，最低温度表是水平的，而最高温度表是倾斜放置的。为什么会这样摆放？

搞清这一问题，还应追溯最低温度表和最高温度表的构造原理。最低温度表是用游标来指示温度刻度的（图 3）。最低温度表水平放置时，游标停留在某一位置。当温度上升时，酒精膨胀会绕过游标而上升，游标则由于其顶端与温度表的管壁有足够的摩擦力，使

游标维持在原地不动。当温度下降时，酒精柱收缩到与游标顶端相接触时，游标会借酒精的表面张力而下滑。当酒精的张力释放完毕，游标的运动也便停止，此时，游标指示的刻度便是最低气温的示度。由此可知游标只能随酒精下降而不能随酒精升高。值得注意的是，每次最低气温观测完毕后，一定要将最低温度表的球部稍稍抬高一点，使游标滑到酒精柱的顶端，这样下次才可继续观测。

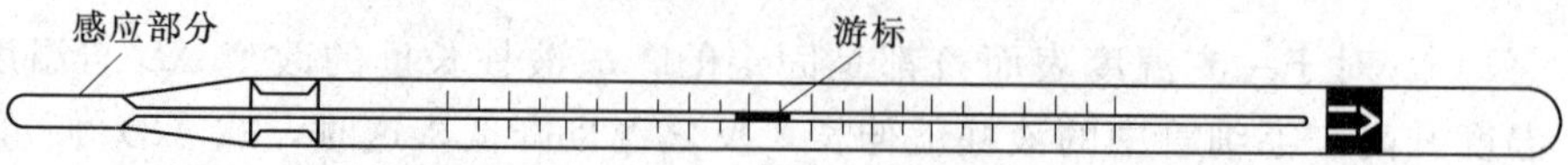

图 3 最低温度表及游标部分的构造示意图（陆忠汉等，1984 年）

对于最高温度表，它们是利用水银来指示温度数值的，而且它们与普通温度表有一个最大的不同，就是最高温度表的球部（感应部分）与表身部分的连接处被处理成一个狭窄通道，正是这个狭窄通道，使得气温升高时，水银体积膨胀，水银的运动不受影响，球内的部分水银能通过狭窄的通道上升，直到达到最高温度的示度才会停止运动（图 2）；但是当气温下降时，水银体积收缩，在狭窄处的水银柱就会断裂，使得表身细管内的水银柱仍留在原处，这时温度表指示出的温度就是最高温度。由此可知，一旦最高温度表内的水银随温度上升到了最高处，水银柱便停留在最高温度的示度处，不能下滑，显示出最高温度的示度。但是，如果最高温度表水平放置，水银的运动过程中，即使水银达到了最高温度示度，也可能由于水银膨胀运动的惯性，而不能马上停止运动，仍会滑行一段距离，导致观测到的最高温度与实际值产生差异。当倾斜放置时，水银的膨胀运动还要克服重力作用，水银运动的终点是它与重力作用达到平衡时的位置，其惯性作用也完全施放出来，此时的温度示度才是真正的最高温度的示度。

5. 百叶箱的门朝向哪里？

百叶箱的门必须朝正北方向开，这是因为太阳从东方升起，然后由南转向西，北面是太阳光线永远都不会直接照射到仪器上的一侧。当观测员打开百叶箱的门进行温、湿度观测的时候，就可避免阳光直射到仪器上面。因此，百叶箱的门朝北开，也是避免仪器受外界影响，尽量保证仪器感应结果更接近真实状态的一项措施。

6. 干湿球温度表是否相同？

干湿球温度表是由两支形状、大小完全相同的温度表组成，放在同一环境（百叶箱）中，一支用来测定气温，叫干球温度表；另一支温度表用于量测湿度，叫湿球温度表（图 4）。它们的不同之处在于测湿度的那支表（即湿球温度表）的球部包裹着湿润的纱布。为什么只有这一点不同，就使它们的作用发生了那么大的改变呢？这需要从测湿原理来说明。

众所周知，当空气未饱和时，空气中的水分就会蒸发，因此，湿球温度表的潮湿纱布面上的水分，在空气未饱和时就会蒸发。由于蒸发要消耗热量，所以湿球温度表的读数要比干球温度低。当湿球因蒸发而消耗的热量和从周围空气中获得的热量相平衡时，湿球温

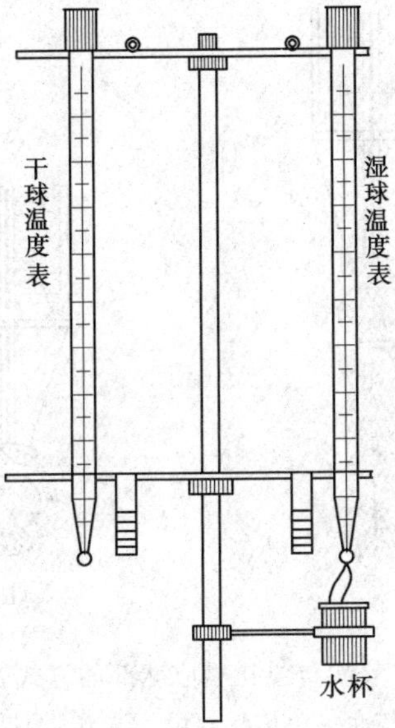

图 4　干湿球温度表示意图（中国气象局，2003 年）

度就不再继续下降了，从而维持了一个相对稳定的干湿球温度差。干湿球温度差值的大小与当时空气的湿度有关。空气湿度越小（干燥），湿球表面的水分蒸发越快，湿球温度降得越多，两者读数的差值就越大。反之，湿度大，湿球水分蒸发慢，湿球温度降低得少，干湿球温度差越小。只有当空气饱和时，两者的读数才相等。当然，干湿球温度差值的大小还与其他因素有关，如湿球附近的通风速度、气压、湿球大小、湿润方式等。

正是利用了这样一个简单的原理，对温度表进行了一点点改变，就使两个一模一样的温度表的作用发生了很大变化。

7. 湿球温度表下面水杯中的水为什么要用蒸馏水？

由图 4 可以看到，湿球温度表的纱布要浸放在水杯中，水杯中的水不是取自管道中的自来水，而是蒸馏水。这是为什么呢？测定空气湿度的准确度与湿球温度示度是否准确有很大关系，要使湿球温度准确，不仅要使湿球表面有良好的蒸发和热量交换，同时，还有赖于选择良好的纱布，保持纱布清洁的最好办法就是用最好的水——蒸馏水。

蒸馏水是不含任何矿物元素和杂质的纯水，而且它无电解质，没有游离子，不导电，低渗，同时还不会发生化学反应。一般的自来水都含有各种杂质，这些杂质会影响纱布的清洁度、柔软度和湿润度，因此，湿球温度表使用的水一定是蒸馏水。

8. 冬季结冰时如何进行湿球温度的量测？

当冬季来临，室外温度低于 0℃时，浸在水中的纱布开始结冰，如果不将纱布上的结冰处理掉，就会影响湿球温度的观测，因此，冬季溶冰也是必须谨慎处理的一件事情。

当湿球纱布开始冻结后，应立即从室内带出一杯蒸馏水对湿球纱布进行溶冰，待纱布变软后，在球部下 2～3mm 处剪断（图 5），然后把湿球温度表下的水杯从百叶箱取走，

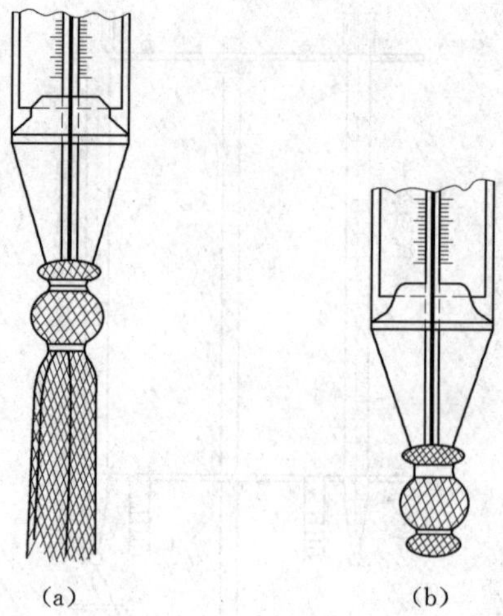

图 5　湿球温度表不同季节纱布包扎感应球部的方式（中国气象局，2003 年）

(a) 气温在 0℃以上时湿球纱布包扎方式；(b) 气温在 0℃以下发生冻结时的包扎方式

以防水杯冻裂。

当气温为－10.0℃或更低时，观测之前还要进行溶冰处理。溶冰的方法并不复杂，只要轻轻从表架上拿下湿球温度表，将湿球表的球部浸入水中，把纱布浸透，使冰完全溶化，即可完成溶冰任务。需要注意的是，溶冰的水温要与室温接近，水温过高湿球表有可能爆裂。判断冰是否完全溶解，只需要读一下湿球表的读数即可。如果湿球表的刻度已回升到 0℃，稍停一会儿再上升，就表示冰已全部溶化。此时，把水杯移开，用杯沿将聚集在纱布头上的水滴除去即完成了全部溶冰工作。

冬季气温一直都在 0℃以下（特指我国北方严寒地区），何时开始进行溶冰要看当时的天气条件确定。当风速、湿度适中时，溶冰必须要在观测前 30min 进行；湿度小，而风速很大时，要在观测前 20min 进行溶冰，否则，刚刚溶解的纱布有可能再次冻结；当湿度很大，而风速很小时，溶冰要在观测前 50min 进行，否则，也无法观测到准确的湿球温度。

当气温在－10.0℃以下时，停止观测湿球温度，改用毛发湿度表或湿度计测定湿度。在气温偶有低于－10.0℃的地区，仍可用湿球温度表进行观测。

9. 毛发湿度表如何利用毛发特性来量测湿度变化？

毛发湿度表是利用脱脂毛发随空气相对湿度变化的特性而设计的。人的毛发贯穿着许多细孔，在这些细孔中充满着油脂和色素。当去除油脂后，细孔就能与外界相通，通常这些细孔中充满了呈弯月面的水，当空气湿度变化时，水汽便在细孔中凝结或蒸发，使弯月的曲率随之发生变化，从而引起毛细孔内压力的变化。当空气相对湿度降低时，水的弯月面变得更加弯曲，毛细压力增大而细孔收缩，这就引起了毛发总长度的缩短。

感应湿度变化的毛发装在金属架上，毛发的上端固定在金属片上，下端固定在弧钩上。弧钩和指针固定在同一轴上，指针尖端自左向右刻出相对湿度由 0～100%，其刻度间隔是左疏右密。

当空气相对湿度上升时，弯月面逐渐变得平直起来，毛细压力减小而细孔的宽度增大，使毛发伸长，小锤因重力作用而下降，拉紧毛发并使指针向右移动；当湿度减小时，毛发缩短，使小锤与弧钩上抬，指针向左移动；空气饱和时，细孔水面是平坦的，这时毛发最长。当相对湿度由0变化到100%时，毛发将伸长其本身长度的2.5%，但在不同湿度上其伸长量是不等的。后来，人们对脱脂毛发进行了高温特殊工艺处理，使其随湿度的变化呈线性变化，这样当相对湿度发生变化时，毛发的变化呈等量变化。

10. 为什么气压表要安装在室内?

气压表必须安装在室内气温变化小、既通气又无太大空气流动、光线充足又无直接太阳照射的地方。切勿安装在热源（暖气管、火炉）和门窗的旁边。

为什么气压表安装有如此严格的要求呢？其实这与气压表的构造有很大关系。无论是动槽气压表还是定槽气压表，它们都是由三部分组成：一是装有水银的内管，是一个直径约8mm，长约900mm的玻璃管；二是由黄铜制成的外套管，它的作用是保护与固定内管，同时还刻有标尺，用来测定气压数据。铜套管子下部还装有一支附属温度表，其球部在内管和套管之间，用于测定水银及铜套管的温度；三是水银槽。

就上述的气压表的构造而言，对外界环境最敏感的是气压表中的附属温度表（简称附温表）。气压表中的水银热容量比附属温度表球部的热容量大得多，它们两者对温度的敏感程度不同，附温表的变化要比气压表快得多。如果外界温度变化很剧烈，则附温表就不能代表气压表本身的温度，这样用附温表的读数去进行气压读数的温度差订正，势必引起很大的误差。

另外，气压表测定气压时，测定的是大气的静压力，若环境空气流动过大，将会引起气压偏大或偏小。一般风从门口直灌室内，则会使室内空气堆积而使室内的气压升高，因此测得的气压就会偏高；如果风与门窗平行掠过，会产生伯努力效应，使室内的气压下降。因此，气压表不能被放置在门窗附近，以免开关门窗引起空气流动影响气压表的示度。

为了保护气压表，防止脏污和保证气压表周围的气温稳定，水银气压表还要被安置在特制的三角保护箱内，保护箱应牢固地安装在墙壁或柱子上，其悬挂高度以观测员便于读数为好。

二、气象数据的记录

1. 如何观测记录百叶箱中的干湿球温度?

温度表读数要力求敏捷，准确无误。观测时保持视线和水银柱顶端齐平（图 6），读数迅速，并要求将干湿球一起读完，一起记录，切勿读一个记录一个。观测中不要使头和手接近表的球部，也不要对着温度表呼吸。注意复读，避免发生误读或颠倒 0℃以上、0℃以下的差错。

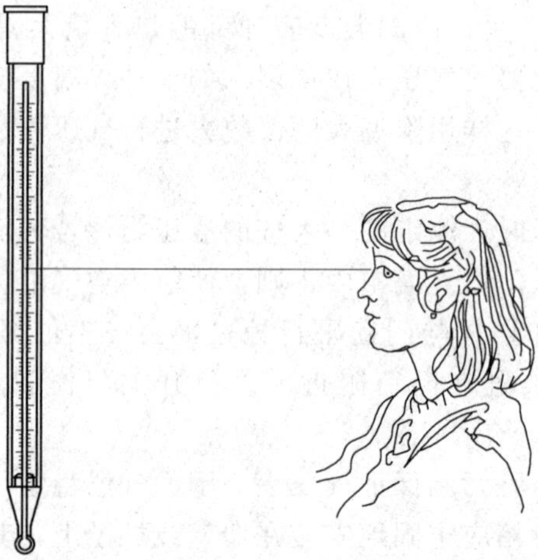

图 6　正确读取温度表上的数据

在冬季气温在－0.0℃以下时，还要对湿球温度表的纱布进行溶冰处理，然后才能读干湿球温度。读干湿球温度时要注意如下事项：首先要看一看湿球温度表的读数是否稳定，要稳定不变时才能进行读数和记录。在读数后，还要用铅笔侧棱试一试纱布的软硬，了解纱布是否再冰结。如已冻结，应当在湿球读数上记一“B”字；如未冻结，则不记。若湿球示度不稳定，不论是从零下上升到零度，还是从零度继续下降，说明溶冰不恰当，湿球不能读数，此时只记录干球温度。而湿度的记录改用毛发湿度表或湿度计来测量。

读取的干湿球温度要记录在观测薄相应的“空气温湿度”栏目中的第一和第二行，其格式见表 3。

表 3　　　　　　　　　　气象观测簿中北京时间 8 点的温湿度记录范例

时间（时）		2			8			14			20			合计	平均
		读数	器差	订正后	读数	器差	订正后	读数	器差	订正后	读数	器差	订正后		
空气温湿度	干球				3.0	0.1	3.1								
	湿球				2.6	0.0	2.6								
	毛发表					(102)									
	最高														
	最低														
	绝对湿度					7.0									
	相对湿度					91									
	饱和差														
	露点					1.8								—	—
	温度计					0.2								—	—
	湿度计					92								—	—

注　标记“—”表示不做记录或计算；下同。

2. 如何利用干湿球温度的读数求绝对湿度、相对湿度？

根据《气象学》教材可以知道，绝对湿度、相对湿度、比湿和饱和水汽压等气象要素均可通过计算获得，其前提是已知气温。尽管如此，计算总是很繁琐。如何利用观测数据获得与湿度有关的数据呢？

人们利用计算方法，设计了一种圆形计算尺和温湿度简便查算表，这两种方法均可利用干湿球温度，通过查图和查表，很容易地获得绝对湿度、相对湿度和露点温度等数据。本节只介绍简便查算表（陆忠汉等，1984 年）。表 4 给出了简便查算表的缩略表，从中可以学会如何查算绝对湿度、相对湿度和露点温度。

由表 4 可知：①最上一横排数据是干球温度表读数（t℃），表的最左面和最下面均为湿球温度表读数（t_w℃）。②在纵线与斜线构成的斜平行四边形内，横虚线上面的数字就是相对湿度（U%），横虚线下面的数字就是绝对湿度（hPa）。③由干湿球温度查算相对湿度和绝对湿度的程序是，如果是找干球温度及所对应的相对湿度和绝对湿度，就由干球温度所对应的一列向下看；如果是找湿球温度与干球温度所对应的相对湿度和绝对湿度，就由其斜直线夹格中向右上方斜看，在干、湿球温度的交汇处，横虚线的上方数字是相对湿度，下方是绝对湿度。

举例如下：某次观测的干球温度为 30.5℃，湿球温度为 24.5℃。首先在表的最上一行查得干球温度 30.5℃所对应的那一列，再在表的最下边查到 24.5℃，沿斜直线夹格向右上方看，在与干球温度 30.5℃相交处的斜平行四边形内，虚线上面的数字即相对湿度 59%，虚线下面数字即为绝对湿度 26hPa。30.5℃那一列一直向下看到底查到 43.7hPa，即为 30.5℃时的饱和湿度。

表 4　　温湿度简便查算表示例（节选）

…	24.0	24.5	25.0	25.5	26.0	26.5	27.0	27.5	28.0	28.5	29.0	29.5	30.0	30.5	…
12.5	…	…	…	…	…	…	…	…	…	…	…	…	…	24.7	…
	…	…	…	…	…	…	…	…	…	…	…	…	59	59	…
13.0	…	…	…	…	…	…	…	…	…	…	…	…	26.0	26.0	…
	…	…	…	…	…	…	…	…	…	…	…	62	62	63	…
13.5	…	…	…	…	…	…	…	…	…	…	…	26.4	26.4	27.3	…
	…	…	…	…	…	…	…	…	…	…	65	65	…	66	…
14.0	…	…	…	…	…	…	…	…	…	…	26.8	26.8	…	28.7	…
	…	…	…	…	…	…	…	…	…	67	68	…	…	69	…
14.5	…	…	…	…	…	…	…	…	…	27.2	27.2	…	…	30.1	…
	…	…	…	…	…	…	…	…	71	71	…	…	…	72	…
15.0	…	…	…	…	…	…	…	…	27.6	27.6	…	…	…	31.5	…
	…	…	…	…	…	…	…	74	74	…	…	…	…	75	…
15.5	…	…	…	…	…	…	…	28.0	28.0	…	…	…	…	32.9	…
	…	…	…	…	…	…	77	77	…	…	…	…	…	79	…
16.0	…	…	…	…	…	…	28.4	28.4	…	…	…	…	…	34.4	…
	…	…	…	…	…	80	81	…	…	…	…	…	…	82	…
16.5	…	…	…	…	…	28.8	28.8	…	…	…	…	…	…	35.9	…
	…	…	…	…	84	84	…	…	…	…	…	…	…	85	…
17.0	…	…	…	…	29.2	29.2	…	…	…	…	…	…	…	37.4	…
	…	…	…	88	88	…	…	…	…	…	…	…	…	89	…
17.5	…	…	…	29.6	29.6	…	…	…	…	…	…	…	…	38.9	…
	…	…	92	92	…	…	…	…	…	…	…	…	…	93	…
18.0	…	…	30.0	30.0	…	…	…	…	…	…	…	…	…	40.5	…
	…	96	96	…	…	…	…	…	…	…	…	…	…	96	…
18.5	…	30.4	30.4	…	…	…	…	…	…	…	…	…	…	42.1	…
	100	100	…	…	…	…	…	…	…	…	…	…	…	100	…
19.0	30.5	30.5	…	…	…	…	…	…	…	…	…	…	…	43.7	…
…	24.5	25.0	25.5	26.0	26.5	27.0	27.5	28.0	28.5	29.0	29.5	30.0	30.5	31.0	…

注　“…”表示省略表中的数据。

3. 如何利用干湿球温度的读数求水汽压、相对湿度和露点？

干湿球温度的价值非常大，由上一题可以知道，利用干湿球温度可以获得绝对湿度和相对湿度。事实上，利用干湿球温度还可以做许多事情。例如，获得大气中水汽压、比湿和露点等其他与湿度有关的参数。

根据《气象学》可以知道，水汽压是大气中水汽部分所产生的压力，它与气温有密切关系，水汽压和气温之间的关系可用下式表示

$$e = e_s - BP(t - t_w) \tag{4}$$

式中：e_s 为饱和水汽压；B 为通风干湿表常数；P 为气压；t 和 t_w 分别为干球和湿球温度。

不同的通风干湿表 B 值不同，一旦选定通风干湿表，B 值便确定下来。

用公式计算仍过于繁杂而容易出错，人们也制作了湿度查算表（中央气象局，1980年）来查表获得水汽压、相对湿度和露点。

温度查算表的结构如表 5（a）所示，表中 t_w、e、U 和 t_d 分别为湿球温度、水汽压、

相对温度和露点，表中间的粗黑色数字，如 20.0、20.1、20.2 和 20.3 是干球温度。它的查算过程如下：

（1）根据湿球结冰与否，决定查算结冰表或未结冰表［表 5（a）还分为结冰表和未结冰表两部分，此处只给出未结冰查算表］。

（2）根据观测的干球温度 t 和湿球温度 t_w 值，查出 n 值（n 是制表过程中引入的中间变量）。

（3）当本站气压是 1000hPa 时，表 5（a）便能够满足要求，实际上大多数情况下气压并不正好是 1000hPa，便需要由 n 值和本站气压 P 查表 5（b），以便获得露点的订正值 Δt_w。

（4）根据 Δt_w，求出订正的露点 $t'_w = t_w + \Delta t_w$。

（5）利用干球温度 t 和订正后的露点 t'_w，查表 5（a），找出对应的水汽压 e、相对湿度 U 和露点 t_d。

表 5（a）　湿度查算表（节选）

n	t_w	e	U	t_d	t_w	e	U	t_d	t_w	e	U	t_d	t_w	e	U	t_d
	20.0				**20.1**				**20.2**				**20.3**			
17	11.9	8.5	36	4.7	12.0	8.6	37	4.8	12.1	8.7	37	5.0	12.2	8.8	37	5.1
17	12.0	8.7	37	4.9	12.1	8.8	37	5.1	12.2	8.9	37	5.2	12.3	9.0	38	5.4
16	12.1	8.8	38	5.2	12.2	8.9	38	5.3	12.3	9.0	38	5.5	12.4	9.1	38	5.6
16	12.2	9.0	39	5.5	12.3	9.1	39	5.6	12.4	9.2	39	5.8	12.5	9.3	39	5.9
16	12.3	9.2	39	5.7	12.4	9.3	39	5.9	12.5	9.3	40	6.0	12.6	9.4	40	6.2
16	12.4	9.3	40	6.0	12.5	9.4	40	6.1	12.6	9.5	40	6.3	12.7	9.6	40	6.4
15	12.5	9.5	41	6.2	12.6	9.6	41	6.4	12.7	9.7	41	6.5	12.8	9.8	41	6.6
15	12.6	9.6	41	6.5	12.7	9.7	41	6.6	12.8	9.8	42	6.7	12.9	9.9	42	6.9
15	12.7	9.8	42	6.7	12.8	9.9	42	6.8	12.9	10.0	42	7.0	13.0	10.1	42	7.1
⋮	⋮	⋮	⋮	⋮	⋮	⋮	⋮	⋮	⋮	⋮	⋮	⋮	⋮	⋮	⋮	⋮

表 5（b）　湿度查算表—通风干湿表（通风速度 2.5m/s）湿球温度订正 Δt_w（节选）

P (hPa)	n	0	1	2	3	4	5	6	7	8	9
1100	0	0.0	0.0	0.0	−0.1	−0.1	−0.1	−0.1	−0.1	−0.1	−0.2
	10	−0.2	−0.2	−0.2	−0.2	−0.3	−0.3	−0.3	−0.3	−0.3	−0.3
	20	−0.4	−0.4	−0.4	−0.4	−0.4	−0.5	−0.5	−0.5	−0.5	−0.5
	30	−0.6	−0.6	−0.6	−0.6	−0.6	−0.6	−0.7	−0.7	−0.7	−0.7
	40	−0.7	−0.8	−0.8	−0.8	−0.8	−0.8	−0.8	−0.9	−0.9	−0.9
1090	0	0.0	0.0	0.0	0.0	−0.1	−0.1	−0.1	−0.1	−0.1	−0.1
	10	−0.2	−0.2	−0.2	−0.2	−0.2	−0.2	−0.3	−0.3	−0.3	−0.3
	20	−0.3	−0.3	−0.4	−0.4	−0.4	−0.4	−0.4	−0.4	−0.5	−0.5
	30	−0.5	−0.5	−0.5	−0.5	−0.6	−0.6	−0.6	−0.6	−0.6	−0.6
	40	−0.7	−0.7	−0.7	−0.7	−0.7	−0.7	−0.8	−0.8	−0.8	−0.8
⋮	⋮	⋮	⋮	⋮	⋮	⋮	⋮	⋮	⋮	⋮	⋮

目前各气象站已经将人工计算改为计算机处理，也就是说，只要完成了干湿球温度、最高最低气温、气压、日照、地温、天气现象、能见度、云状云量、风向风速、蒸发等项观测任务，将观测结果输入计算机中，其他的中间数据，如水汽压、露点、相对温度、饱和差、海平面气压等数据（过去由查表获得）便可由计算机一次完成，并自动形成发报文件，通过自动通信系统，传输到国家气象中心。

4. 如何观测和记录百叶箱中的毛发湿度表？

观测毛发湿度表时，视线要通过指针与刻度盘垂直，读出指针所在刻度线，取整数记入观测簿“空气温湿度”栏中的第五行毛发表一栏（表 3 第 5 行）。

如果怀疑指针由于轴的摩擦或针端碰到刻度尺被卡住，可在读数后轻轻敲一下毛发表支架，或小心地把指针向左边（刻度小的一端）轻拨一下，如果发现它停在新的位置上，说明有摩擦现象，应重新读数，更改记录，并将仪器情况记入备注栏。

如果读数时发现指针超出刻度范围，应当用外延法读数，按 90 到 100 的刻度尺距离外延到 110，估计指针相当在延伸时刻的那一个分划线上，得出读数加“（　）”记入观测簿相应栏。如表 3 中毛发表一栏中记录的数值就是（102），这表示相对湿度的读数超过 100％。

绝对禁止用手触摸毛发，以免手上的油脂粘在毛发上，覆盖住小孔，影响其正常使用。如果发现毛发湿度表上有雾凇、冰或水滴，应当轻敲金属架，使它们脱落，或从百叶箱中移走毛发表，让它慢慢干燥，干燥后再放回百叶箱。绝不能让毛发表靠近炉火。

5. 如何观测和记录水银气压表中的气压？

气压的观测步骤比较简单，但是其后的订正及海平面气压的求取则很复杂，其步骤之繁琐是其他观测项目所不能比的。实际上，目前这些繁琐的工作已全部由计算机来完成了。但是，作为气象学实习，还是有必要了解这些过程的。

第一步观测气压并不是直接读取气压表刻度上的数字，而是应当先观测附属温度表，读附属温度表上的温度时，要精确到 0.1℃。

第二步要调整水银槽内的水银面，使之与象牙针尖恰好相接（象牙针尖与水银面之间既无空隙，水银面与象牙针尖接触点也没有小涡）为止。

第三步是调整游尺恰好与水银柱顶相切，这时的水银面位置恰好就是气压表读数的准确位置。其做法是先将游尺稍高于水银柱顶，使视线与游尺的前后下缘在同一水平线上，再慢慢下降游尺，直到游尺环的前后下缘与水银柱凸面顶点刚刚相切。此时，通过游尺下缘零线所对标尺的刻度即可读出整数［图 7（a）］，再从游尺刻度线上找出一根与标尺上某一刻度相吻合的刻度线，则游尺上这根刻度线的数字就是小数读数［图 7（b）］。眼睛与水银面的角度不同，读数结果会有很大误差，切记，读数时一定要与水银面平行。

读完气压表中的数据仅仅是完成了气压观测部分，获得实际的本站气压还要经过多次订正等步骤。一个完整的气压观测记录应当包括表 6 中所显示的那几项，即附属温度表读数、气压表读数、求本站气压、求海平面气压和气压计中的气压数据。

完成表 6 中关于气压的记录可按如下步骤进行。

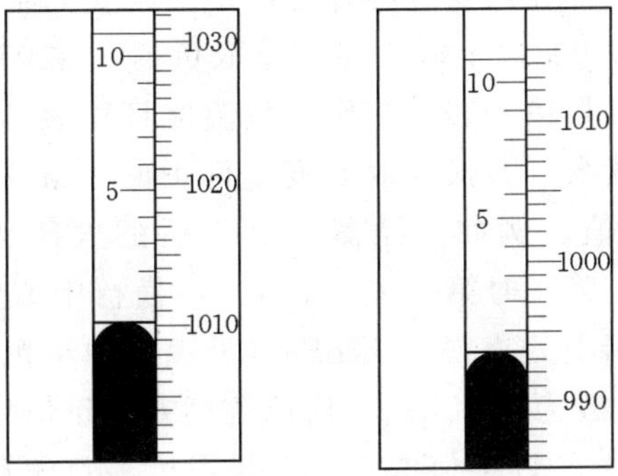

(a)　　　　(b)

图 7　游尺调整与气压读数（陆忠汉等，1984 年）

（a）气压表读数中整数位示意图；（b）气压表读数中小数位示意图

表 6　　　　气象观测簿中北京时间 8 点的气压记录范例

时间（时）			2			8			14			20			合计	平均
—			读数	器差	订正后	读数	器差	订正后	读数	器差	订正后	读数	器差	订正后	—	—
气压	附属温度					10.8	0.0	10.8							—	—
	读数	mbar				1031.8									—	—
		mm													—	—
	本站气压					1029.3										
	T_m														—	—
	海平面气压					1029.9									—	—
	气压计					1036.0									—	—
	app					—	1.3								—	—

（1）求本站气压。水银气压表读数，只表示观测所得的水银柱高度，由于不同仪器之间存在差异（制造这些仪器时材料和制作技术等原因而产生仪器差异）和气压表并不总是在标准情况下使用，即使气压相同，也会因温度和重力加速度的不同，水银柱高度不一样。因此从气压表中读取的气压数据并不是准确的本站气压，必须对读出的气压数据进行仪器差订正、温度差订正和重力差订正。

1）仪器差订正（C_1）。所谓的仪器差是每个气压表自身携带的仪器差订正值，将这个仪器差订正值与气压表读数相加，得出的就是经过仪器差订正的气压值。例如：某一气压表检定证上的器差值是－0.1hPa，气压表上的读数是 1013.2hPa，最后经器差订正后的气压是 1013.2＋（－0.1）＝1013.1（hPa）。

2）温度差订正（C_t）。所谓的温度差订正是由于气压变化与温度有关，根据大气静力学方程可知，$p=\rho gh$，而空气密度的变化也与温度有关，当温度变化时，密度必然变化，从而导致水银柱 h 的变化，同时还会使测量水银柱高度的黄铜标尺热胀冷缩。因此，即使外界气压不变，温度变化时，水银柱与黄铜标尺也会发生胀缩，而水银柱与黄铜的热胀系数不同，于是引起示度发生变化，这种纯粹是由于温度变化而引起的气压变化，称为水银气压表的温度差，当气温在0℃以上时，温度差取负值，在0℃以下时取正值。其订正方法是查《气象常用表》第二号第一表（气压读数温度订正表），每次直接利用仪器差订正后的气压值与附属温度表读数，直接查取温度差订正值，与仪器差订正后的气压值相加，即得温度差订正后的气压值。例如：经器差订正后的气压为1013.5hPa，附属温度为13.3℃，在《气象常用表》第二号第一表（表7）中横行中取气压1010hPa，附属温度取13℃一行，在气压与气温相交处查得2.14hPa（见表7中粗黑框内的数字），再从温度小数表中查得0.3℃对应订正数为0.05hPa，所以温度差订正值应为C_t＝2.14＋0.05＝2.19（hPa），由于气温在0℃以上，订正值取负，于是温度差订正后的气压值应为：1013.5＋（－2.19）＝1011.31（hPa）。

3）重力差订正（C_g）。重力差订正包括纬度重力差订正（C_ϕ）和高度重力差订正（C_h）。

众所周知，不同纬度重力加速度是不同的，取水银高度为气压值时是在温度$t=0$，纬度$\phi=45°$前提条件下成立的。实际上，不同地区、不同海拔高度，即使气压相同，水银密度也相同的情况下，由于重力加速度不同，水银柱高度h也不同。这种因重力不同而造成的水银柱高度与标准重力情况下的水银柱高度差，称为重力差订正。因此，只要是地理纬度不在45°，海拔高度不在海平面上的台站，均要进行重力差订正。另外，对于纬度重力差而言，当某站地理纬度大于45°时，其C_ϕ为正值，否则C_ϕ为负值。对于高度重力差而言，某站的高度在海平面以上时，C_h为负值，否则C_h为正值。

表7　　气压读数温度订正表（节选）

温度（℃）	气压表读数（mm或hPa）			
	1000	1010	1020	…
⋮	⋮	⋮	⋮	⋮
11	1.79	1.81	1.83	⋮
12	1.96	1.98	2.00	⋮
13	2.12	**2.14**	2.16	⋮
14	2.28	2.30	2.33	⋮
15	2.44	2.47	2.50	⋮
⋮	⋮	⋮	⋮	⋮
温度小数	0.1	0.2	0.3	…
订正数	0.02	0.03	0.05	…

注　“⋮”和“…”均表示表中还有数据，此处省略了；下同。

例如：经仪器差和温度差订正后的气压为1011.31hPa，某站的地理纬度为36°20′，求C_ϕ。首先将气压单位hPa换成mmHg，查《气象常用表》第二号第三表（hPa化为mmHg表），得1011.31hPa＝758.55mm。然后要查《气象常用表》第三号第一表（气压读数之纬度重力订正表），该表横坐标是气压，纵坐标是纬度，查气压760mm这一列，纬度要进行内插换算，应当取36°00′对应的0.62mm和36°30′对应的0.59mm，于是

30′：20′＝（0.59－0.62）：x，x＝（－0.03）×20′/30′＝－0.02［表 8（a）中粗黑框包围的数字］。因此 36°20′的纬度重力差为 0.62－0.02＝0.60（mm），由于该站纬度小于 45°，所以最后的纬度重力差 C_ϕ＝－0.60。如果该站气压表的海拔高度为 125.0m，求 C_h？此时要查《气象常用表》第三号第二表（气压读数之高度重力订正表），该表横坐标是气压，纵坐标是海拔高度，气压查 760mm 一行，h 查 150m，相交处得 0.02［表 8（b）中粗黑框包围的数字］，因为 $h>0$，所以高度重力差 C_h＝－0.02。所以该站的重力差订正值应为 $C_g=C_\phi+C_h$＝（－0.60）＋（－0.02）＝－0.62，经重力差订正后的气压为 758.55－0.62＝757.93（mm），再换算成 hPa，应为 1010.6hPa。

表 8（a）　　气压读数之纬度重力订正表（节选）

气压(mm) / 纬度	…	750	755	760	765	…	气压(mm) / 纬度
⋮	⋮	⋮	⋮	⋮	⋮	⋮	⋮
35°00′	⋮	0.68	0.68	0.69	0.69	⋮	55°00′
35°30′	⋮	0.65	0.65	0.66	0.66	⋮	54°30′
36°00′	⋮	0.61	0.62	0.62	0.63	⋮	54°00′
36°30′	⋮	0.58	0.59	0.59	0.59	⋮	53°50′
37°00′	⋮	0.55	0.55	0.56	0.56	⋮	53°00′
⋮	⋮	⋮	⋮	⋮	⋮	⋮	⋮

表 8（b）　　气压读数之高度重力订正表（节选）

气压（mm） / 高度（m）	…	720	740	760	780
50	⋮	0.01	0.01	0.01	0.01
100	⋮	0.01	0.01	0.01	0.02
150	⋮	0.02	0.02	0.02	0.02
200	⋮	0.03	0.03	0.03	0.03
250	⋮	0.04	0.04	0.04	0.04
⋮	⋮	⋮	⋮	⋮	⋮

再举一例，以帮助练习如何求本站气压。某站 39°42′，h＝152.6m，气压表读数 756.8mm，器差－0.1mm，附属温度 21.3℃，求本站气压。

第一步：器差订正，756.8＋（－0.1）＝756.7（mm）。

第二步：温度差订正，756.7＋（－2.62）＝754.08（mm），（查《气象常用表》第二号第一表得温度差订正为－2.62）。

第三步：重力差订正，754.08＋［（－0.37）＋（－0.02）］＝753.69（mm），（查《气象常用表》第三号第一表和第二表得纬度重力订正差为－0.37 和高度重力订正差为－0.02）。

第四步：查《气象常用表》第二号第三表，将 mm 换算成 hPa，本站气压为 1004.8 hPa（取小数点 1 位）。

（2）求海平面气压。本站气压只表示在本站的海拔高度上大气柱的压强。在不同的海拔高度上，由于承受的大气柱长度不同，所以各站之间的本站气压无法进行比较。为了达到比较各站气压的目的，便于分析气压场的分布特征，就必须将各站的本地气压统一订正到海平面高度上。这种订正就称为海平面气压订正。

求海平面气压时，通常先求出台站到海平面这段高度所引起的气压差，称这个气压差为高度差 C，即 $C=P_0-P_h$，P_0 为海平面气压，P_h 为本站气压。根据压高公式，可推导出 $C=P_hM/1000$，M 取决于海拔高度 h 与气柱的平均气温 t_m。考虑台站下垫面对气温的影响，海拔高度 h 处的自由大气温度可近似用观测时的气温 t 与前 12 小时气温的平均值 $\left(\frac{t+t_{12}}{2}\right)$来代替，海平面气温则可根据气温直减率来求出，即 $t_0=\frac{t+t_{12}}{2}+\gamma h$，此处的 γ 取 0.5℃/100m，由此可求出平均气温 $t_m=\frac{\frac{t+t_{12}}{2}+\frac{t+t_{12}}{2}+\gamma h}{2}=\frac{t+t_{12}}{2}+\frac{\gamma h}{2}=\frac{t+t_{12}}{2}+\frac{h}{400}$。再利用 t_m 和 h 值求 M。M 值已经被编制成表格，以供随时查阅（表 9）。所以，海平面气压的计算步骤为：①利用本站气温 t 和 12 小时前的气温 t_{12} 求出 t_m；②以 t_m 和 h 查《气象常用表》第三号第四表（气压读数高度订正求 M），用内插法求出 M 值（注意：内插时要先插温度，后插海拔高度）；③用 $C=P_hM/1000$ 求出气压高度差；④计算海平面气压 $P_0=C+P_h$。需要注意的是当平均温度和高度值都不是表中给出的整数值时，M 值需要内插才能得出，有时既要对温度的内插，也要对高度内插，最复杂的情况是温度和高度都要内插才能获得。

【例 1】 某地的本站气压为 $P_h=1010.0$hPa，海拔高度 $h=70$m，观测时气温为 $t=6.2$℃，12 小时前观测气温为 $t_{12}=-2.6$℃，求海平面气压。

首先计算平均气温 $t_m=\frac{t+t_{12}}{2}+\frac{h}{400}=2.0$，利用 t_m 和 h 求 M 值，查《气象常用表》第三号第四表，得到 $M=8.73$，求 $C=P_hM/1000=8.8$，最后求出海平面气压 $P_0=C+P_h=1018.8$hPa。

这个例子中 t_m 和 h 都是整数，表中恰好都有对应的 M 值，因此是最好计算的例子。

【例 2】 某地的本站气压为 $P_h=1006.7$hPa，海拔高度 $h=80$m，观测时气温为 $t=8.8$℃，12 小时前观测气温为 $t_{12}=13.7$℃，求海平面气压。

这个例子中高度是整数，对应表中有现成的 M 值，但是 t_m 不是整数值，需要内插才能得到相应的 M 值。具体计算过程是：

首先求平均气温 $t_m=11.5$℃，该温度在 M 表上不存在，只能内插，分别查 10℃和 12℃对应的 80m 处的 M 值，分别是 9.70 和 9.64，也就是说温度相差 2℃时，M 值相差 0.06，而现在的平均气温 t_m 与 10℃相差 1.5℃，因此，$2:1.5=0.06:x$，$x=(1.5\times0.06)/2=0.05$，所以 $t_m=11.5$℃时对应的 $M=9.70-0.05=9.65$，然后计算 $C=P_hM/1000=9.7$，最后求出海平面气压 $P_0=C+P_h=1016.4$hPa。

【例 3】 本站气压 987.5hPa，海拔高度 $h=126$m，$t=0.5$℃，12 小时前观测气温为 $t_{12}=-6.3$℃，求海平面气压。

首先求平均气温 $t_m=-2.6$℃，该温度在 M 表上不存在，只能内插；高度也不是 M 表上对应的整数值，也要内插。这是属于双内插。

表 9　　气压读数高度订正求 M 值（节选）

温度 t_m（℃）	高出海平面的米数（海拔高度）（m）				
	…	110	120	130	…
⋮	⋮	⋮	⋮	⋮	⋮
−8	⋮	14.28	15.59	16.90	⋮
−6	⋮	14.17	15.47	16.77	⋮
−4	⋮	14.07	15.36	16.65	⋮
−2	⋮	13.96	15.24	16.52	⋮
0	⋮	13.86	15.13	16.40	⋮
⋮	⋮	⋮	⋮	⋮	⋮

先内插温度（表 9），120m 高度上的−2℃和−4℃对应 M 值分别是 15.24 和 15.36（见表 9 中粗黑框包围的数字），$\Delta M=0.12$，$|\Delta t|=|-4-(-2.6)|=1.4$，所以，$2:1.4=0.12:x$，$x=0.08$，因此，−2.6℃时，120m 处的 M 值应当为 $15.36-0.08=15.28$。130m 高度上的−2℃和−4℃对应 M 值分别是 16.65 和 16.52（见表 9 中粗黑框包围的数字），$\Delta M=0.13$，$|\Delta t|$ 仍为 1.4，所以，$2:1.4=0.13:x$，$x=0.09$，因此，−2.6℃时，130m 处的 M 值应当为 $16.65-0.09=16.56$。

下一步是对高度内插，即求 126m 高度处的 M 值。由上面计算可知，130m 与 120m 处的 $\Delta M=16.56-15.28=1.28$，当高度相差 6m 时，就应当有：$10:6=1.28:x$，$x=0.77$。最后真正的 $M=15.28+0.77=16.05$。

由此可以得到 $C=P_hM/1000=15.8$hPa，海平面气压为 $P_0=C+P_h=1003.3$hPa。

6. 如何读取 EL 型电接风向风速计中的风向风速数据？

目前气象站观测风向风速的仪器是电接风向风速计，由感应器（包括风标、风向方位块、导电环、接触簧片等部件）、指示器（包括电源、瞬时风向指示盘、瞬时风速指示盘等部件）和记录器（包括 8 个风向电磁铁、自记钟、自记笔、笔档、充放电线路等部件）三部分组成。感应器放在室外，指示器和记录器放于室内，用 12 芯 100m 长的电缆与指示器连接，指示器与记录器要用一根 20 芯的电缆连接。

感应器的风杯随风速大小而有旋转快慢之分，风速越大，风杯转动越快，单位时间内电接的次数就越多。由于每吹过 200m 风程（风杯转 80 圈），接点就接触一次，记录器风速笔尖就在自记纸风速坐标上向上（或向下）移动 1/3 格（3 次移动 1 格）。根据笔尖 10min 内在自记纸上移动的格数就可以示出当时的平均风速。

完成风向风速的观测需要做以下几部分工作。

（1）定时观测（即按规定每天 8 次或 7 次的观测任务）。定时观测以风向风速指示器为准。首先打开风向和风速的开关，然后分两步完成记录。第一步是观测风速；第二步是观测风向。

读风速时要先选择风速开关档和风速读数刻度，如果估计风速小于8级（8级风速对应17.2～20.7m/s），就要选择“20”档开关，该档对应0～20m/s标尺刻度的风速，如果估计风速可能超过8级风，则要选择“40”档开关，该档对应0～40m/s标尺刻度的风速。选择好风速档级之后，在风速刻度盘上读出的数字就是应当记录的风速数值。

读风向时，看风向指示盘，选择2min内出现次数最多的那个风向，并按16方位风向的缩写记录。

如果是静风，风速应记为0，风向记为C。如果平均风速超过40m/s，则记为“>40m/s”。

读完风向风速的读数后，立即记录于观测簿中“风”的观测一栏，其形式见表10。

表10　　气象观测簿中北京时间8点的气压记录范例

时间（时）		2	8	14	20	合计	平均
风	指针号数					—	—
	风速		2				
	风向		NW			—	—

（2）逐小时风向风速记录。

为了获得连续的逐小时的风向风速，还需要根据记录器中自记纸上的笔迹线逐一读取出每个小时的风向风速。

自记纸上的风速是统计正点前10min内的风速。首先数出正点前10min内自记笔画出的格子数量，1格相当于风速1.0m/s，通过3格则记为3m/s，通过$3\frac{1}{3}$格，记为3.3m/s，通过$3\frac{2}{3}$格，记为3.7m/s。万一出现风速记录器出现机械故障而造成风速笔尖跳动不准确，则应当根据笔尖跳动的次数来记录风速数值，而不是根据笔尖跳过的格子数量来记录。这是因为风速自记部分是按空气行程200m电接一次，风速自记笔相应跳动一次来记录的。如10min风速笔尖跳动一次，风速便是0.3m/s（即200m/600s），如果10min内笔尖跳动了2次，风速便是0.7m/s（即400m/600s）。因此，风速的小数位只能是0，3，7。例如，正点前10min内风速笔尖跳动了4次，但是，出现机械故障后，笔尖移动了4个格子，此时，正确的风速计数是1.3m/s，而不是4.0m/s。

读自记纸上逐小时风向也要从正点前10min内开始，挑选10min前5次风向记录中出现次数最多的那个风向。如果最多风向中有两个出现的数次相同，则就舍去最左边的一次画线，在其余4次记录中挑选出现最多的风向；如果仍有两个风向相同，还要再舍去最左面的一次画线，从其余3次画线中挑选出现次数最多的风向；如果5次风向均为不同方向，则应以最右面的画线方向作为正点时的风向记录。

（3）挑选日最大风速。

记录一天内的风向风速极值也是必做的工作之一。这项记录也是根据自记风向风速纸来完成。从每天（20时到次日20时）自记笔记录的风速笔迹线较陡的几处线段上，分别截取 10min 线段的风速进行比较，选出最大值作为该日 10min 最大风速，并挑选相应的风向，同时注明该时段的终止时间。另外挑选日最大风速可以跨日、跨月、跨年挑选，但是只能上跨，不能下跨。因为最大风速的选取时段是 20 时到次日 20 时，这就会涉及当月还是跨月，当年还是跨年的问题。例如：4 日 19 时 51 分到 20 时 01 分的风速是归于 5 日这一天的数据，如果这个 10min 的数值是 5 日中的最大风速，则这个风速数值就是 5 日最大 10min 风速值，其出现的时间记为 20^{01}。这个记录就是跨日记录。如果这一事件出现在月末一天或年末一天，就是跨月或跨年记录。

7. 使用不同的雨量器时，如何量测雨量?

气象站常规降雨量观测仪器是雨量筒，但是观测逐时降水量、降水量的起止时间、降水强度的变化，则需要使用遥测雨量计。遥测雨量计又分为翻斗式遥测雨量计和虹吸式雨量计。

用雨量筒观测定时降水时，要在观测场换取储水瓶，把换下的储水瓶取回室内（降水很小或已停止时，也可在观测场内），将水倒入量杯（注意倒净）。然后，用食指和拇指夹住量杯上端，使其自由下垂（或将量杯放在水平的桌面上），视线与水面平齐，以水的凹面最低处为准，读得的刻度数即为降水量，记入观测簿中该时降水量定时栏。降水量很大时，可分数次量取，将其总和作为此次的观测降水量。量取完毕，还要进行复验。此外，也可用“台秤”直接称量。对台秤的称重结果，应当扣除储水瓶的重量；如果是用蒸发量的专用台秤称重，读数就是适用于 20mm 口径器具的毫米值；如果用普通台秤称重，最后还要将重量（g）从《气象常用表》（第二号）第八表（mL 或 g 化为 mm 换算表）中换算成毫米值。量雨杯是特制的玻璃杯。杯上刻度按雨量器与量雨杯的口径比例制作，便于读取精确到 0.1mm 的雨水量。

如果使用普通量杯测定降水量，则需要进行转换计算，其转换公式为

$$降水量 = \frac{(量杯的内半径)^2}{(雨量筒的内半径)^2} \times 量杯中水的深度 \tag{5}$$

如果用普通毫升量杯量测降水时，还应用下列公式换算成毫米

$$深度 = \frac{体积}{面积} \tag{6}$$

例如，量测到降水量为 47.1mL，则实际降水量= 47.1/314 = 0.15（cm）（或 1.5mm），这是因为 20cm 口径的雨量器口面积为 314cm²，如果是 11.3cm 的小雨量器，则筒口面积为 100cm²。如果用直径 20cm 的雨量器专用杯量得降水量为 3.6mm，把它折算成 11.3cm 雨量器的实际降水量=3.6×3.14=11.3（mm），因为 20cm 口径的量雨杯与 11.3cm 口径的量雨杯的比值为 314/100=3.14，用这个比值再乘以 20cm 口径的量雨杯量得的降水量，即为 11.3cm 雨量器的实际降水量。

如果使用翻斗式遥测雨量计，则要完成两个部分。

（1）定时观测（每天 8 时和 20 时观测前 12 小时的降水量）的降水量直接从翻斗式遥测雨量计的计数器上读取，并且将读出的数据记录在观测簿 *RR* 栏。读数后要按回零按

钮，将计数器复位到“0”，复位后求计数器的5位0数必须在一条直线上。

(2) 逐时降水量和极端最大降水量要从自记纸上挑选出来。首先在自记纸上有笔迹画线的地方划一短垂线，作为降水开始时间记号，笔迹线终止时，也要在终止地方划一短垂线，那么这两个短垂线之间的时间即为降水过程的持续时间。降水量则以自记纸上笔记线所在的位置对应的数据为准。如果自记纸上笔迹画线数值不足0.05mm，此时降水量记为“0.0”。挑选极端最大降水量时，不仅要记录其量值，还要把它出现的时间记录下来，注意：只记录最大降水开始时间，不记录结束时间。

如果某个气象站无翻斗式遥测雨量计，那就要用虹吸式雨量计完成定时和逐时降水观测和记录。虹吸式雨量计定时观测的降水量数值也要从计数器上读取，并记录于观测簿的*RR*栏，逐时降水量和极值也是从自记纸上挑选，并记录在降水量月报表中逐时降水量一栏中。

8. 小型蒸发皿和E—601型蒸发器的观测步骤有哪些差异?

目前各气象观测站的蒸发量观测仍采用两种器皿：一种是20cm小型蒸发皿，另一种是E—601型蒸发器。无论使用哪种蒸发器，其观测时间都在20时，即蒸发量一天观测一次。

20cm小型蒸发皿观测的是24h蒸发后剩余的水量，也就是说，当天20时倒入20mm清水，记入第二天蒸发量观测部分中“原量”一栏，转天20时观测蒸发皿中剩余的水量，将其记录在当日的“余量”一栏中，然后用原量减余量，便得到当日蒸发量，并记入蒸发量一栏中。观测完毕后，要将蒸发皿中的余量倒掉，清洗好蒸发皿，并注入20mm清水，为下一个24h蒸发量观测使用。如果蒸发器中的水量全部蒸发掉，当日蒸发量记为“＞20mm”。这种情况应避免发生，一旦出现日蒸发量接近20mm时，应增加注入量，例如，观测完毕后，注入30mm清水，而不是20mm。使用20cm小型蒸发皿观测蒸发量要注意一个问题，就是在夏季，如果遇有降水出现，观测蒸发量时，要同时取走雨量筒中的储水瓶，此时蒸发量＝原量－余量－降水量。如果有强烈降水出现，应倒出蒸发皿中的部分水量，并将倒出的部分记入观测簿中“余量”一栏。

E—601型蒸发器的观测是通过转动测针位置，使测针尖恰好达到水面为止，一旦针尖进入水面，报警器会发出鸣叫，此时要将测针退出水面，重新转动测针，以达到水面为止。调节好测针位置后，便可从游尺上读数。读数方法是：通过游尺零线所对应的标尺位置读整数位，再从游尺刻度线上找出一根与标尺某一刻度线相吻合的刻度线，游尺上这根刻度线就是小数位读数。如果有较大降水出现，E—601型蒸发器中的水就有可能流入溢流桶，此时观测蒸发量时还应称量溢流桶中的水量（用量杯或台秤，并进行相应的换算），并记入蒸发量记录中“余量”一栏，最后的蒸发量要减去这个余量。蒸发量观测完，也要视E—601型蒸发器中水量的多少而适当补充水量，不然的话，水面过低，测针有可能接触不到水面，导致蒸发量不能观测。

根据上述比较可以知道，小型蒸发皿的蒸发量＝原量－余量，观测过程需要称重、计算、清洗、重新注水等过程，比较繁琐；而E—601型蒸发器可以直接从游尺上读出蒸发量数据，而且数据精确到小数点后1位，也不需要每天注入新水。

9. 自记温度计读数要领是什么?

温度计是记录气温连续变化的设备，温度计中的自记笔在自记纸上的迹线记录了气温的变化过程（图 8）。从自记纸上读取温度值的方法是，先在自记笔在自记纸上划过的迹线与时间线的交叉点划一短线，然后读出该点数，可获取逐时、最高和最低气温。由图 8 可以看到，温度自记纸上面横向排列的数字是时间（2h/格），纸面上垂直方向上的数据是温度值，每个小格是 1℃，对每个格子垂直方向取 10 等份，相当于取气温小数点 1 位的数据。

读自记仪器的数据一般要经过 3 个步骤：一是读取自记纸上的温度值（包括定时气温、逐时气温、最高和最低气温）；二是器差订正。温度表和温度计量测的气温可能不一致，这种不一致或称为差异完全是由于仪器不同导致的，为了统一这两种仪器量测出的气温值，要进行器差订正；三是将读出的气温数据记录到相应的观测簿或月报表中。湿度计和气压计的自记记录读取方式与温度计是相同的。

（1）温度计记录的读取：①定时气温的读取。根据自记笔迹线与 2 时、8 时、14 时和 20 时的交点，读出定时气温数值；②逐时气温的读取。根据自记笔迹线与每小时交点的读数，读出逐时气温数据；③最高（最低）气温的读取。根据自记笔迹线最大（最小）转折点与时间线的交点，读出那一时刻的最高（最低）气温值，例如，图 8 中的 *A* 点就是某日最高气温点，*C* 点是最低气温点，*A*、*C* 所对应的时间线就是最高和最低气温出现的时间。*B* 点是转天的最低气温点，因为 *A*、*B* 两点跨越了 20 时的日界线，时间数字上方的标记“▽”对应的时间就是日界时间。

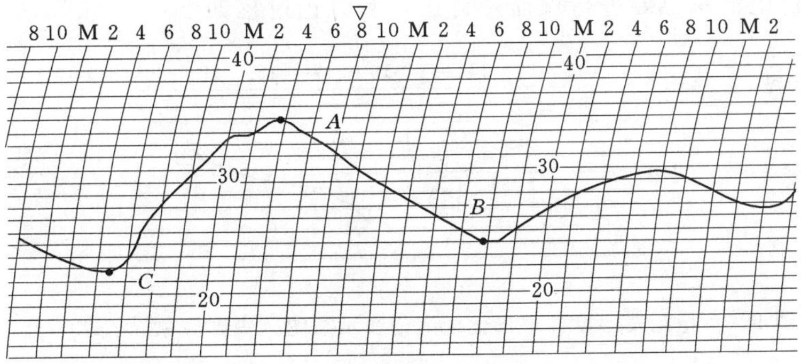

图 8　温度计的自记纸中的笔记线（中国气象局，2003 年）

（2）器差订正。从自记温度计中读出的任何数据都要进行器差订正，其订正方法是先求出任意两个定时自记值的器差值（用实测值减相应的自记值），然后用两定时自记值的器差值从《气象常用表》（第二号）第十三表（自记记录订正时各时变差分配表）中查得各正点器差分配数，并计算出各正点的正确值。表 11 给出了一个实际的例子。由表 11 中可以看到，8 时的自记温度是 −1.3℃，经过器差订正，8 时的自记温度的正确值应为 −1.9℃。按照这种方式，将每一正点时的气温以及最高、最低气温用器差订正得出正确的自记气温。

（3）定时气象观测簿和自记月报表。经器差订正后的4个定时自记气温值要填写到气象观测簿“空气温湿度”中温度计一栏（表3第12行），将逐时自记气温填写《气温自记记录月报表》中。

表 11　　气温器差订正示例　　单位：℃

时间（时）	8	9	10	11	12	13	14
实测值	−1.9						2.4
自记值	−1.3	−0.8	−0.2	0.5	1.4	1.9	2.3
器差值	−0.6	−0.5	−0.4	−0.2	−0.1	0.0	0.1
正确值	−1.9	−1.3	−0.6	0.3	1.3	1.9	2.4

10. 自记湿度计读数要领是什么？

湿度计数据的读取与温度计基本相同。湿度计自记纸（图9）上最上面横向排列的数据是时间，纵向排列的数字是相对湿度（单位是%），纵向每个格子代表2%，自记纸上每间隔10%标出一个数字，根据时间线与自记笔迹线相交点确定相对湿度的数值，并且要取整数记录下来。如果是定时观测，只要根据笔尖在自记纸上相应的时间垂线上的位置，观测读数，记入观测簿中湿度计一栏中即可（表3最后一行）。完成定时观测也只是湿度观测的一部分内容，对换下来的自记纸，还要完成如下工作：把定时观测的实测值和自记读数分别填在相应的时间线上，自记记录以时间记号为正点，并挑选日最小相对湿度。湿度计的自记记录也要进行仪器差订正，其订正过程如下：

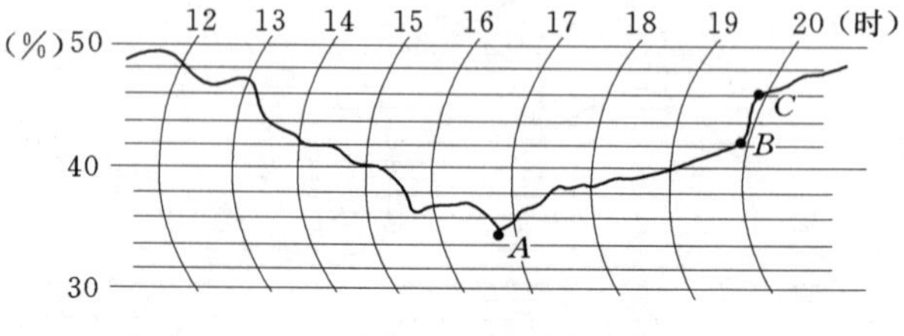

图9　自记毛发湿度计中自记纸笔记线示意图（中国气象局，2003年）

（1）挑选极值的方法与温度计和气压计也是相同的，即在自记纸找出一日（20时到次日20时）极值出现的地方标出箭头并读数。

（2）求正点器差值，可直接查《气象常用表》第二号第十四表（仪器变差分配表）。表12就是一个订正正点湿度的例子。

（3）极值订正。当挑选出来的极值不是出现在正点时刻，则以该极值点最靠近的那个正点器差为订正极值的器差值；如果恰逢两正点之间，则用后一个正点的器差值；如果挑选出的检值与某次定时观测的数据有矛盾，则应直接挑选该定时记录为极值；若订正后的最小相对湿度小于0，则记为0。例如，某日湿度计最小相对湿度已从自记纸中挑选出来，记为A（图9），很明显，A点靠近17时，其订正值以17时的器差为+2，订正后的最小相对湿度应当为 34＋2＝36（%）。

（4）错误记录的订正。湿度计的自记笔有时也会出现机械故障，使自记笔迹不连续，如图 9 中的 B 和 C 点，当 B 和 C 两点的读数≥3%（对于温度计和气压计而言，出现跳跃现象的前后两点读数分别≥0.3℃和≥0.3hPa），则认为出现跳跃现象，此时要对相对湿度的两个跳跃点都进行订正。表 12 就是对图 9 中几个正点时刻和出现跳跃现象时的订正例子。

表 12　　　　最小相对湿度的器差订正　　　　单位：%

时间（时）	14	15	16	17	18	19	20	
实测值	48						41	
自记值	43						42	46
仪器差	＋5	＋4	＋3	＋2	＋1	0	－1	－5
订正值	48						41	41

11. 自记气压计的读数要领是什么？

从气压计的自记纸中可以获得逐时气压、日最高、最低气压和气压倾向的数值，有气压笔迹线的气压自记纸如图 10 所示。

（1）正点气压值的读取。从图 10 中可以看到，气压自记纸最上面的数字是时间，最右边的数字是气压，正点数字垂线上的笔迹线就是某一正点时刻的气压值。读出正点时刻的气压值，并将其记录在观测簿气压一栏中的气压计数据中。气压计的读数要在气压表读数之后进行，分别记入观测簿中气压部分的不同栏中。

（2）气压倾向的读取。气压倾向的观测值也是从自气压自记曲线上读取的。气压倾向是指观测前 3h 到观测当时的气压自记曲线变化形式。如果正点观测前 3h 气压先升后降，则要在观测簿气压计下面的 *app* 格子中（表 6 中最后一行）填上 0，并将气压曲线的变化形式写成“╱╲”。气压倾向的观测代码数值从 0 排列到 8，其形式有 9 种。具体代码及代表的形式见表 13。

（3）日最高和最低气压读取（用于填报《气压自记记录月报表》）。日最高和最低气压的挑选过程是这样的，首先在自记纸上选择气压最高和最低点，并分别用小箭头标出（图 10），读出气压值，并进行器差订正。订正方法是，根据自记迹线最高（最低）点两边相邻的定时观测记录所计算的仪器差，用内插法求出各正点的器差值，然后取该最高（最低）点靠近的那个正点的器差值进行订正（如果是恰好在两正点之间，则用后一正点的器差值），即得该日最高（最低）值。

例如，图 10 中最高气压数值为 1019.3，时间出现在 10 时与 11 时中间，器差取 11 时的＋0.2，最后结果是最高值为 1019.3＋0.2＝1019.5（hPa）；迹线最低处读数为 1016.2hPa，靠近 17 时，用 17 时器差－0.2，订正后的最低气压值为 1016.2－0.2＝1016.0（hPa）。有时还会出现挑选出的最高（或最低）气压比定时观测的实测值还低（或高）的现象，遇到这种情况，处理办法是直接将该次定时观测的气压值为最高（或最低）气压值。表 14 给出了一个例证，用以说明自记气压值订正的事情。

(4) 自记笔故障时的数据处理。有时气压自记笔会因机械故障等原因使气压自记笔迹线出现断线，出现明显的不连续现象，如图 10 中标出的 A 和 B 点。如果断线导致前后两处的气压读数不小于 0.3hPa 时，我们称为跳跃式变化，在订正时应按跳跃前后的读数分别计算，如表 14 中 14 时的计算方法。

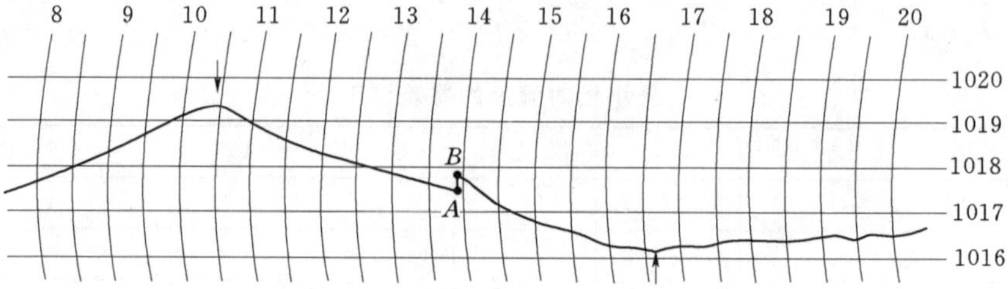

图 10　气压计自记纸上的气压笔迹线（中国气象局，2003 年）

表 13　气压倾向编码及形式

编码	0	1	2	3	4	5	6	7	8
图形				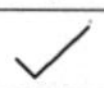	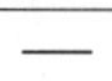				

表 14　气压自记记录日极值订正示意表　　单位：hPa

时间（时）	8	9	10	11	12	13	14	14	15	16	17	18	19	20
实测值	1018.3						1017.2							1016.7
自记值	1017.6						1017.5	1017.8						1016.6
仪器差	+0.7	+0.5	+0.4	+0.2	0.0	−0.1	−0.3	−0.6	−0.5	−0.4	−0.2	−0.1	0.0	+0.1

12. 日照时数的概念以及如何观测和记录日照时数？

描述日照的概念有两个，一个是可照时数，另一个日照时数。可照时数是指从日出到日落之间的总小时数；日照时数是指每天太阳直射光线，实际照射到地面的小时数。由于云雾等各种天气现象的存在，经常遮挡太阳的直接光线，因此实际照射到地球表面的日照时数小于可照时数。可照时数可以计算［可以查《气象常用表》第三号第七表（日照时间表）直接得到］，而日照时数需要日照计测定。

日照计有两种：一种为暗筒式日照计，另一种为聚焦式日照计。目前各气象站使用的均为暗筒式日照计。

暗筒式日照计的日照纸要事先涂抹药水，并置于暗处阴干后使用。每天要在日落后更换日照纸，即使全天阴雨，也要更换，以备日后查改。日照纸上的感光迹线的长短，决定了日照的时间。要根据感光迹线的长短，在其下划铅笔线，根据所划的铅笔线计算各小时的日照时数，以十分法记录，精确到小数点后 1 位，然后将每个小时的日照时数累加起来，就是全天的日照时数。全天无日照，记为 0.0。

13. 如何测定降雪量和积雪？

当有固体降水出现时，仍可采用雨量器来量测降水量。雪和冰雹都算是固体降水。做法是将已承接的固态降水物的储水筒换下，盖上盖子，将附于筒外的降水物和泥土等清除干净，拿回室内用台称称量。如果没有台秤，恰巧又遇上必须发报观测，则可加入适量的温水，使固态降水物完全融化，再用量杯量取，量得的数值必须扣除加入的温水量。严禁用火烤的方法融化固体降水。如果是非发报时间，可将储水筒放于室内，等其自然融化后再用量杯量取。

当观测台站四周所能见到的面积中有一半以上被雪覆盖时，称为积雪，这时测量的项目不仅有雪深，而且还要量测雪压。从雪面到地面的垂直深度叫雪深，单位面积（cm^2）上的积雪重量叫雪压（单位是 g/cm^2）。测量雪深用量雪尺［图 11（a）］或普通米尺均可；测量雪压要用体积雪压器量测。量测积雪深度的操作过程很简单，只需将量雪尺垂直插入雪中，以接触到地表面为准，依据雪面所遮掩尺上的刻度线，读出雪深厘米数，读数时只取整数，小数要四舍五入。需要注意的是切不可插入土中。如果用普通米尺，要注意尺的零点是否在尺端。另外，雪深不能以一个地方的积雪深度为准，应当取三个地点分别观测雪深，然后取三个点的平均值作为雪深记录下来。

体积雪压器是由内截面积为 $100cm^2$ 的金属筒、小铲、带盖的金属容器和量杯组成［图 11（b）］。雪压不需要天天观测，只需每月的 5 日、10 日、15 日、20 日、25 日和月末的最后一天观测即可。量测雪压必须要在雪深达到 5cm 时才能进行，否则不需要量测雪压。测量雪压的步骤是：①观测前半小时将雪压器拿到室外，取样时握着雪压器（金属筒）的把手，垂直插入雪中，直到地面。然后拨开雪压器一侧的积雪，用小铲沿雪压器底部插入，连同雪压器一起拿到金属容器上，再抽出小铲，使雪样落入容器内，加上盖子，带回室内，等雪融化后，用量杯测定容量，量杯量测的是融雪后的体积，按 $1cm^3$ 水换算为 1g。②用雪压计算公式计算雪压：$P_M=\dfrac{M}{100}$，M 是雪样的重量（单位是 g），分母是雪压器内截面积。记录时应将 M 值记入重量一栏，P_M 值记入雪压一栏。③雪压观测与雪深观测一样，也要取三个观测点分别量测雪压，最后取三点平均值记入平均雪压一栏。

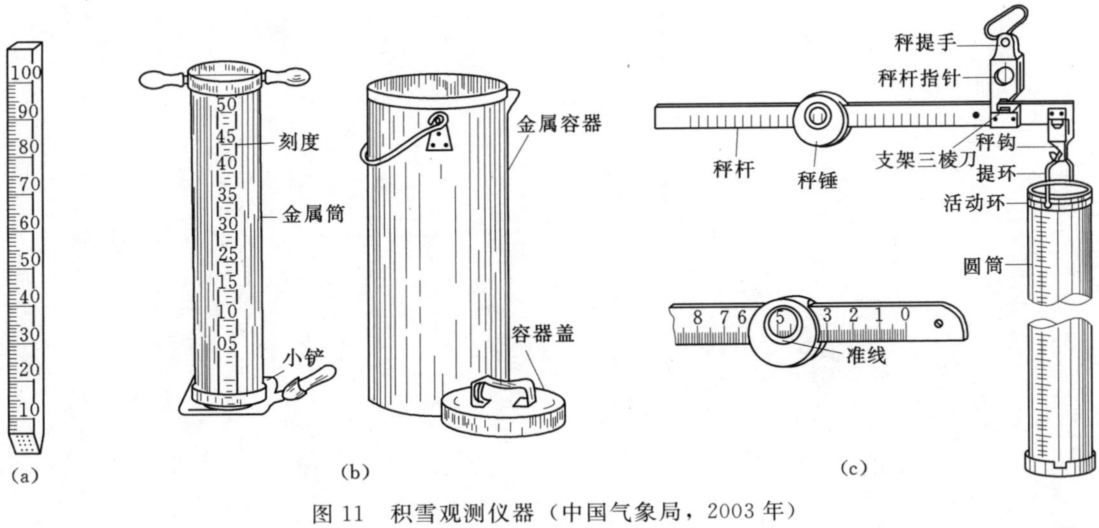

图 11　积雪观测仪器（中国气象局，2003 年）

（a）量雪尺；（b）体积雪压器；（c）称雪器

称雪器是由带盖的圆筒、秤和小铲组成［图 11（c）］。观测也很简单，其步骤是：

（1）观测前半小时将称雪器拿到室外，取雪样前要将称雪器清理干净。

（2）检查秤的零点是否准确，把带盖的空圆筒挂在秤钩上，使秤砣上的刻线与秤杆上的零线吻合，这时的秤应当是水平的，秤杆上的指针正好与提手正中的缺口对齐。如果秤的零点不准，则要移动秤砣位置，使其平衡，并把秤砣的新位置作为零点。如果差异较大，还要打开筒盖的夹层，增减夹层内的配重铁砂，使其平衡。

（3）将圆筒向下垂直插入雪中（注意：应当是将锯齿形的一端向下），直到地面。然后拨开圆筒一边的雪，把小铲插入圆筒底部，连同圆筒一起拿起，盖好筒盖，再将筒翻转过来，擦净粘在筒外的雪，把筒挂在挂钩上，移动秤砣，直到秤杆水平为止，读出秤砣准线对应于秤杆上的刻度，取一位小数。称重过程完成。

（4）按雪压公式：$P_M=\frac{M}{S}=\frac{50\times m}{50}=m$ 计算雪压，式中：M 是积雪重量；S 是称雪器圆筒内截面积（50cm^2）；m 是秤杆上的刻度数。秤杆上每一刻度数为 50g，故 M 值用秤杆刻度数乘上 50 就可得到。如此说来，只需将秤杆上的数值直接记入雪压一栏就行。

三、目测获得气象数据的方法

1. 如何确定能见度的“能见”与“不能见”?

能见度是指视力正常的人在当时天气条件下，能够从天空背景中看到和辨认出目标物（黑色、大小适度）的最大水平距离；夜间则是能看到和确定出一定强度灯光的最大水平距离。所谓“能见”的概念是指白天能辨别目标物的轮廓和形体；在夜间是指能清楚地看见目标灯的发光点。凡是看不清目标物的轮廓，认不清其形体，或者所见目标灯的发光点模糊，灯光散乱，都不算“能见”。有效能见度是指测站四周视野中，有1/2以上（眼睛的视角在180°以上）的范围内，都能看到的最大水平距离。最小能见度是指测站四周能见度数值中最小的一个。

能见度是了解大气稳定程度的依据之一。当大气层结稳定时，水汽杂质多分布在低层大气中，使能见度变坏；当大气层结不稳定时，水汽杂质就会被带到高层大气中，使低层能见度变好。能见度还是判断气团性质的依据之一。冷气团中因含水汽较少，能见度较好；暖空气中因含水汽较多，能见度较差。另外，能见度也是陆地和海洋交通运输中安全保证的重要因素，因此，能见度观测也很重要。

在地面观测中，主要观测的是水平能见度，以km为单位，小数点后保留1位，不足0.1km记为“0.0”。

能见度的定时观测一天有4次，有白天、凌晨、傍晚、夜间，白天和夜晚物体的可见程度有很大差别，因此不同时段，能见度的观测要领不同。

（1）白天能见度观测。可根据“能见”的最远目标物和“不能见”的最近目标物，来判别当时的能见度距离。如果某一目标物轮廓清晰，但没有更远的或看不到更远的目标物时，则应遵循以下原则判定：①目标物的颜色、细微部分（如村庄的单个树木、远处房屋的门窗等）均清晰可辨时，能见度通常可定为该目标物距离的5倍以上；②目标物的颜色、细微部分隐约可辨时，能见度通常可定为该目标物距离的2.5倍到5倍以上；③目标物的颜色、细微部分很难分辨时，能见度通常可定为该目标物距离，但不能超过其距离的2.5倍；④在沙漠、草原或海岛等地物稀少的地方，可采用人工设置目标物的方法，此时，要把人工设置的目标物对着观测点的一面涂成黑色，以使目标物和天空背景形成较大反差。另外，人工目标物多用来观测1.0km以内的能见度，超过这一距离，人工目标物不适用。对于海（或湖）边的测站，可参照海岸线或湖岸线的清晰程度来判断能见度，其参照标准见表15。

表 15　　海面能见度参照表

水天线清晰程度	能见度（km）		水天线清晰程度	能见度（km）	
	眼高出海面≤7m 时	眼高出海面≥7m 时		眼高出海面≤7m 时	眼高出海面≥7m 时
十分清楚	≥50.0		隐约可辨	4.0～10.0	10.0～20.0
清楚	20.0～50.0	≥50.0	完全看不清	＜4.0	＜10.0
勉强可以看清	10.0～20.0	20.0～50.0			

（2）夜间能见度观测。夜间能见度的观测应以目标灯为参照物，再根据灯光强度和距离，查出相应的能见度。在无条件利用目标灯进行观测的情况下，可根据天黑前能见度的变化趋势和当时天气现象及气象要素的变化情况，再结合经验加以估计。夜间观测时，观测员应先在黑暗中停留至少5min，以让眼睛适应环境，然后才能进行观测。

1）有目标灯时的观测要点。要选择一些固定的目标灯来作为能见度观测的依据，但是目标灯应当是孤立的光源，不能是成群、成带或重叠的灯光；目标灯的强度也要保持不变；灯光不能带颜色和灯罩的白色光源；光源要在开阔地带，不能有烟雾影响。这样的目标灯选定之后，要确定该目标灯的强度，利用图12，1烛光相当于1.25W，从灯光能见距离与气象能见距离关系图中，查出相当的能见距离。图12中左侧数据是烛光强度，右侧数据是折算的光的瓦数，最下面数据是目标灯与测站的距离，图中的斜线是能见距离，由横纵坐标的交叉点来确定那一点的斜线数值（要利用前后斜线的数据估计），斜线的数值就是当时观测的能见度数值。

2）没有目标灯时的观测要点。在月光明亮的情况下，可根据目标物的能见与否来判

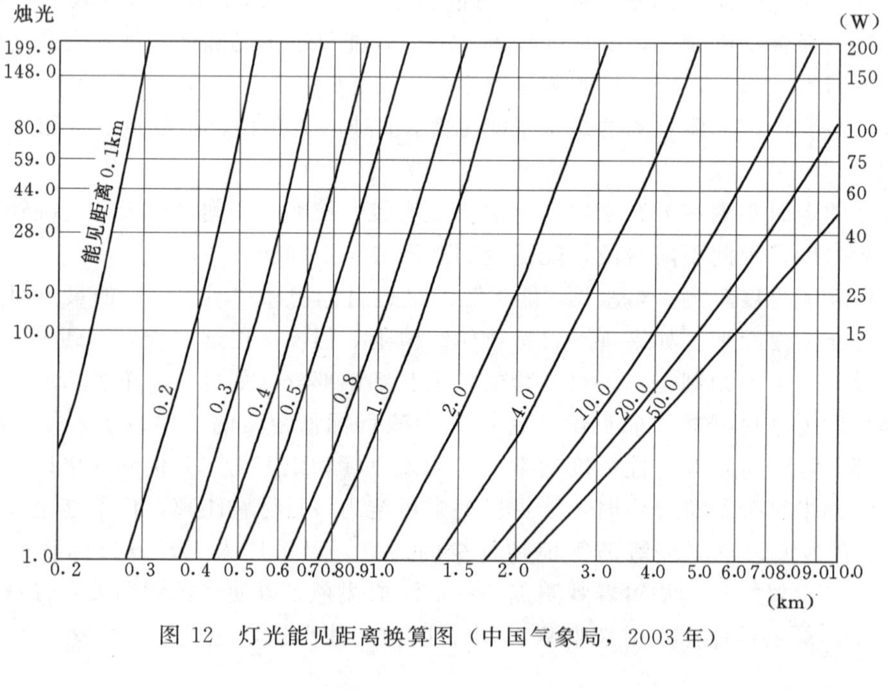

图12　灯光能见距离换算图（中国气象局，2003年）

定能见度。由于光照条件差，不可能像白天那样清楚地看清目标物的形体和轮廓，此时只要隐约地分辨出比较高大的目标物的轮廓，该目标物的距离就可定为能见距离。如能清楚地分辨时，则能见距离可定为大于该目标物的距离。在月光暗淡或无月光的情况下，可根据天黑前的能见度实况和天黑后的连续观测，并结合天气现象、湿度、风等气象要素的变化情况及观测经验等，首先分析能见度是增大还是减小，然后再具体判定当时能见度。

2. 影响能见度的天气现象有哪几种?

有些天气现象出现时会影响能见度，影响能见度的天气现象有哪些种呢?

(1) 浓雾、大雾、暴雪和大雪的出现常会使能见度急剧下降，达到最坏能见度，甚至出现几米之内不能见的情况。

(2) 雪暴是指大量的雪被强风卷起，随风运行，可使水平能见度小于1.0km。

(3) 吹雪现象是指由于强风将地面积雪吹起，可使水平能见度小于10.0km。

(4) 一般性雾、中雪和暴雨的出现也会使能见度下降，使能见度下降到几百米。

(5) 小雪、中雪、大雪、中雨、轻雾也会使能见度下降到中等程度，达到0.1～0.2km的能见度。

(6) 沙尘暴是指强风将地面大量的沙尘吹起，使空气很混浊，有时笼罩全天，或至少使天空变成昏黄色，同时可使水平能见度小于1.0km。

(7) 扬沙、轻雾可使能见度下降到1.0～10.0km。

(8) 浮尘、霾、烟幕出现时，常可使能见度下降到小于10.0km。浮尘是指远处或本地沙尘暴或扬沙出现过后，仍有大量的尘土和细沙均匀地浮游在空中；霾也是指大量的非常细微的尘粒、烟粒、盐粒均匀地浮游在空中；烟幕是指城市、工矿等排出的大量烟粒，弥漫在空中而形成的。上述现象出现时，目力不能看出其中颗粒的大小，但是这些细微的颗粒却使空气相当混浊。

3. 降雨通常分为几类，其形态有何差异?

降水通常分两类：一类是液态降水，另一类是固态降水。

液态降水，包括毛毛雨、阵雨等，除了有强度变化、数量多少的变化之外，形状（仅有雨滴大小之分）并无明显变化，只要有雨量筒便可量测降雨的量级，完成观测任务。

固态降水则不然，固态降水不仅有强度大小和数量多少的变化，同时形态也存在明显差异。

(1) 雪，是白色不透明的星状、六角形片状或柱状结晶的固态降水，有时雪片也会聚集在一起，如棉絮一般漂落下来。

(2) 雨夹雪，是半溶化的雪，也称为湿雪或水雪。下雪时，由于近地面层的温度较高，使下落的雪花外层逐渐溶化，但整个雪片并未溶化。有时近地面层温度过高，致使落到地面的雪花完全溶化了，所以，下雨夹雪时，即可以看到雪花，也能看到雨，就是这个原因。如果雪花下落到地面完全溶化了，天气记录中也要记为雨夹雪，而不能记为雨。

(3) 霰，是白色不透明的圆锥形或球形的颗粒状固态降水，其直径约为2～5mm，落地后会反跳，松脆易碎，有风时，霰会打到脸，并有痛的感觉。

(4) 米雪，是白色不透明的比较扁的或比较长的小颗粒固态降水，其直径常小于1mm，落地后不反弹。有风时，米雪也会打到脸，痛感很明显。

(5) 冰粒，透明的丸状或不规则的固态降水，比较坚硬，落地后一般都会反跳。称为冰粒的原因是它的直径较大，一般接近5mm。

(6) 冰针，飘浮在空中的很微小的片状或针状冰晶，在阳光照耀下，闪烁可辨，有时还会形成日柱或其他晕的现象。冰针多出现在高纬度和高原地区的严冬季节，低纬地区少见。

(7) 冰雹，是坚硬的球状、锥状或其他不规则形状的固体降水，冰雹有核，雹核不透明，核的外面包有透明的冰层，有时透明冰层和不透明冰层相间包裹在一起［图13(a)］。冰雹大小差异很显著，有的冰雹大如手掌［图13(b)］，更多的冰雹在几毫米左右。

至于霜、露、雨凇、雾凇、云和雾等天气现象均被归为水汽凝结物，不能归于降水。

(a)

(b)

图13 冰雹示意图

(a) 冰雹颗粒；(b) 手掌中的巨大冰雹

4. 目测降雨强度的方法是什么？

降水量通常是用雨量计或雨量筒测量的。但是，有时在野外没有量测设备，只能根据经验判断降水量的大小，此时应当遵循什么办法进行呢？

表16给出了几种易混淆的降水现象的判断标准，表17给出了降水强度的判断标准，表18给出了降水特性的判断标准。熟练掌握，便可轻松判断自然界中各种降水问题了。

5. 地面凝结物分别有哪几种，其形态及成因有何差别？

凝结物是大气中水汽遇冷后的凝结产物，属于天气现象范畴。但是，凝结物出现的区域有很大差别，从地面到高空都会出现水汽凝结现象，不同高度上发生的凝结物有不同的称呼。出现在近地面层（地表面、树木，甚至输电线路上）凝结物称为地面凝结物。地面凝结物主要分为露、霜、雾凇、雨凇，它们的形状及出现的天气条件都有差别。

露（天气现象符号记为“⌒”）是凝结在地表或地物上的微小水滴，它由潮湿的空气与较冷的物体表面相接触形成的，这时较冷物体表面的温度应不低于0℃。这种微小的水滴以后又合并成较大的水滴，即露珠。露通常形成于黄昏或夜间，这时地面或物体表面因辐射冷却降温，可达露点以下。所以形成露的有利条件是天空无云或有很薄的高云而有微风的夜间，这时可使辐射冷却在较厚的气层中充分进行。

表 16　　几种易混淆的降水现象区别表

名称	着地特征	下降情况	降水来自何种云	天气条件
雨	在地面有湿斑，在水面起波纹	雨滴可辨，下降如线，强度变化较缓	雨层云、高层云、层积云、高积云	气层较稳定
毛毛雨	在地面无湿斑，慢慢均匀湿润，在水面无波纹	稠密飘浮，雨滴不易辨	雾、层云	气层很稳定
阵雨	同雨，但雨滴更大	骤降，骤停，强度变化大，有时伴有雷暴	积雨云、积云、层积云	气层不稳定
冰雹	白色不透明，着硬地常反跳，坚硬不易碰碎	阵性明显，常伴有雷阵雨出现	积雨云	气层不稳定，近地层温度在0℃以上
米雪	白色不透明，着地不反跳	均匀，薄而疏	雾、层云	气层稳定
冰粒	着地有沙沙声，透明，较硬，如果破碎则仅剩冰壳	常呈间歇性，有时与雨相伴出现	雨层云、高层云、层积云	

表 17　　降水强度判断表

降雨等级	微雨	小雨	中雨	大雨	暴雨
降水情况	降水数滴，对野外工作无影响	雨点清晰可辨，下到地面石板或屋瓦上不四溅，地面泥水浅洼形成很慢，降后至少2min以上才能完全滴湿石板或屋瓦，屋上雨声缓和、屋檐有滴水	雨落如线，雨滴不易分辨，落硬地或屋瓦上立即四溅，水洼泥潭形成很快，屋上有淅淅沙沙的雨声	雨下如倾盆，模糊成片，落到屋瓦或硬地时，四溅高达数寸。水潭形成极快，能见度大减，屋上雨声如雷，作哗哗的喧闹声	同大雨

表 18　　降水特性判断表

种 别	类别及识别要点		
	降水强度变化	持续时间	降自何种云层
连续性	强度变化很小	持续时间较长	雨层云、高层云
间歇性	时大时小，变化很缓慢，云和其他要素无显著变化	时降时止，但变化也很缓慢	层积云、厚薄不均匀的高层云
阵性	变化很快，气压、气温、风等气象要素有时也随之发生显著变化	骤降骤止，天空时而昏暗，时而部分明亮开朗	积雨云、浓积云（也可出现不稳定的层积云）

霜（天气现象符号记为“⊔”）是白色具有晶体结构的水汽凝华物，它的形成原因和形成的天气条件与露相似，不同点在于：露是当地面及其他地物温度高于0℃时形成的，而霜是在0℃以下才能形成。形成霜时百叶箱（离地面1.5m高）内的气温不一定低于0℃，但地表面及地物表面温度均在0℃以下。除了辐射冷却所形成的霜外，在冷平流以

后或洼地上聚集冷空气时都有利于霜的形成。这种霜常被称为平流霜或洼地霜，它们又常因辐射冷却而加强。

雾凇（天气现象符号记为“V”）是水汽在树枝、电线和地物凸出表面上形成的凝华物，多见于寒冷而湿度高的天气条件下，例如，我国高山地区以及东北的东部地区出现较多。根据其形状可以为粒状雾凇和晶状雾凇两种。粒状雾凇出现在气温－2～－7℃、有雾、且风速相当大的天气里，它是由于风的作用，将过冷却的雾滴吹到物体表面冻结而成。雾凇的形态呈球形，直径约为0.02～0.03mm。由于雾滴与物体接触时冻结很快，从而保留了原来雾滴的形状。晶状雾凇是一种结晶现象，它的结晶形状和霜的结晶相似，结构松散，稍有抖动就会脱落。晶状雾凇形成的天气条件是：气温为－15℃左右，有雾（或空气呈过饱和），微风。它可以由空气中过饱和水汽在物体表面直接凝华而成，也可以由雾滴蒸发的水汽形成。因为冰面的饱和水汽压小于同温度的过冷却水面的饱和水汽压，因此在有过冷却雾的条件下，更有利于晶状雾凇的增长。

虽然雾凇和霜在形状上相似，但在形成过程中却有差别。霜主要是在晴朗微风的夜晚形成，而雾凇可以在任何时间内形成。此外，霜形成在强烈辐射冷却的水平面上，雾凇主要形成在垂直面上。当雾凇聚集在电线上时，严重时可以压断电线，使输电、通讯造成障碍，不过其危害程度比雨凇小。

雨凇（天气现象符号记为“∽”）是在地面或地物的迎风面上形成的透明的或呈毛玻璃状的紧密冰层。它是由过冷却的雨或过冷却的毛毛雨的雨滴在所接触到的物体表面上形成的。它可以发生在水平面上，也可发生在垂直面上，与风向有很大关系，总是在迎风面聚集得较多。雨凇的破坏性很大，它能压断电线，折断树木，中断通讯、输电；坚硬的冰层使覆盖在下面的庄稼糜烂，农牧业和交通运输等方面受到很大程度的损失。2008年1月下旬发生在中国江西、湖南和贵州等地的冻雨现象，使京珠高速公路中断72h以上，许多输电线路被压垮，造成严重的经济损失。

依据上述分析可以知道，这几种地面凝结物有相似之处，但却完全不同。表19给出了它们之间的特征差异、形成原因等几方面的区别。

6. 与水汽无关的天气现象分别有哪几种，其形态及成因有何差别?

第3和5题出现的天气现象均与大气中的水汽有关，这些天气现象是水的各种形态在大气中的表现。实际上，大气中还有其他类型的天气现象，比如沙尘暴、扬沙等，这些现象与水汽无关，它们出现时，大气中不仅水汽含量少，空气异常干燥，而且还常常使大气的能见度明显变坏。这类天气现象包括以下几类。

（1）沙（尘）暴是由于强风将地面尘沙吹起，使空气相当混浊、天色昏黄的现象。

（2）扬沙是由于风很大，将地面的沙尘吹起，也能使空气相当混浊、天色昏黄的现象。

（3）浮尘是尘土、细沙均匀地浮游在空中的现象。浮尘多为远处沙尘经上层气流传播而来，或为沙尘暴、扬沙出现后尚未下沉的细粒浮游在空中而成的。

（4）烟幕是大量的烟存在空气中的现象。出现烟幕时，城市、工矿区上空的烟幕呈黑色、灰色或褐色，浓时可以闻到烟味。

表 19　　露、霜、雾凇和雨凇的区别表

名称	外形特征及图片	成因	天气条件	容易附着的物体部位
露	透明的水珠 	地面物体表面的温度接近 0℃ 时，潮湿的空气凝结在其上而成	天空无云或有很薄的高云，同时有微风的夜间	物体表面
霜	白色松脆的冰晶 	地面或近地面物体冷却到 0℃ 以下时，水汽凝华而成，或由露珠冰结而成	晴朗，微风，湿度大的夜间	物体表面，尤其是边缘部位
雾凇	乳白色的冰晶层或粒状冰层，较松脆 	过冷却雾滴在物体迎风面冻结或在严寒时空气中水汽凝华而成	气温较低（-3℃ 以下），有雾或湿度较大时	物体突出部位和迎风面上最多
雨凇	透明或毛玻璃状的冰层，坚硬，光滑 	过冷却雨滴或毛毛雨滴在物体（温度低于 0℃）上冻结而成	气温稍低，有雨或毛毛雨下降的时候	水平面、垂直面上均可形成，但是水平面和迎风面增长快

（5）霾是大量极细微的干尘粒等均匀地浮游在空中的现象，霾的核心物质是空气中悬浮的灰尘颗粒，气象学上称为气溶胶颗粒。霾与雾、云不一样，与晴空区之间没有明显的

边界，霾粒子的分布比较均匀，而且灰霾粒子的尺度比较小，从 0.001μm 到 10μm，平均直径大约在 1～2μm 左右，肉眼看不到空中飘浮的颗粒物。由于灰尘、硫酸、硝酸等粒子组成的霾，其散射波长较长的光比较多，因而霾看起来呈黄色或橙灰色。霾使远处光亮物体呈现微黄、或微红色，使黑暗物体微带蓝色。

（6）尘卷风是因为地面局部强烈增热，而在近地面层中产生的小旋风，尘沙及其细小的物体随风卷起，形成尘柱的现象。很小的尘卷风，直径在 2m 以内，高度在 10m 以下的不用记录。

（7）大风是当瞬时风速达到或超过 17m/s（或目测估计风力达到或超过 8 级）的风。

尽管上述文字已经说明这几种天气现象的特征，但是要想区别它们还是有一定的难度，此时可以结合表 20 中给出种类现象的突出特征及形成原因，分辨它们也将不是难事。

7. 如何确定云量？

云量是指云遮蔽天空视野的成数，也就是观测者眼睛所能看到的视云量。云量既要观测总云量，也要观测低云量，总云量是指所有的云遮蔽天空视野的总成数，低云量是指天空被低云所遮蔽的成数。云量是用成数（最大为 10 成，相当于 100%，1 成即为 10%）来衡量的。观测时将整个视野中的天空分为十份，如果云占天空的 1/10，云量记为 1（1 成），占 2/10，记为 2，其余类推。当云布满整个天空时，则记为 10。如果天空被云全部遮蔽，但是在云层中还有少量空隙（空隙总量还不到天空的 1/20），则记为 10^{-}。如果天空无云，或有云，但云量不足 1/20，则记为 0。

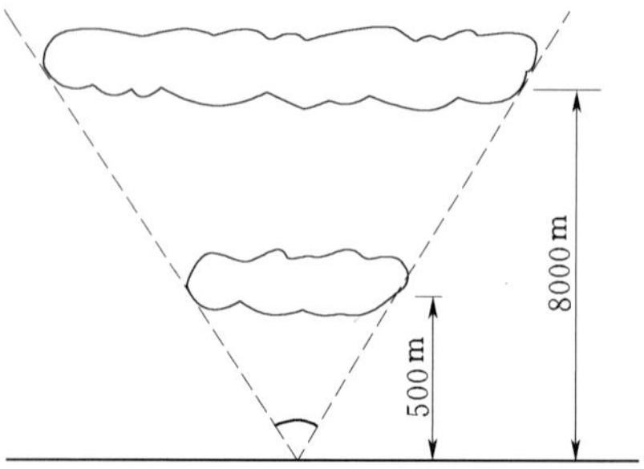

图 14　云高与视云量的关系
（谭海涛等，1980 年）

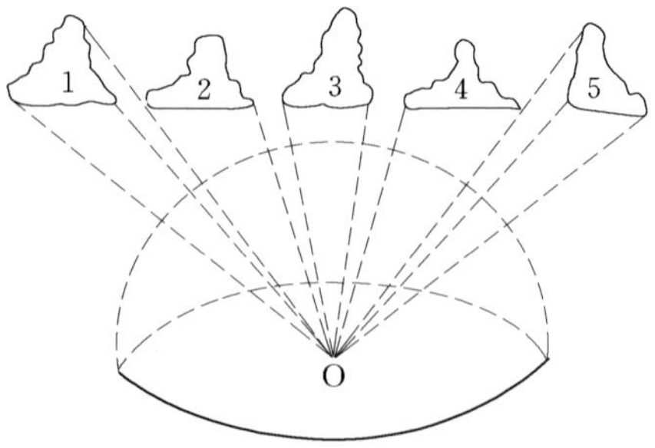

图 15　孤立云块在天穹中的投影示意图
（谭海涛等，1980 年）

另外，需要注意的是视云量与真正的云量是有差别的。云量的多少，并不能完全表示云体实际面积的大小。视云量还与云底高度、观测者的位置有关，图 14 显示了云高与视云量的关系。例如，同是云量 8 成（视直径相同），如果是云高为 500m 的低云，则云层实际面积不到 20km²；若云高为 8000m，这时云层的实际面积就可大到 5000km²。由于云高不同，两者实际面积的差异多达 250 倍。又如靠近地平线附近有一大片云，因为距离观测者很远，所能看到的只是很微小的量，如果把这一大片云移到天顶，则极有可能会遮蔽整个天空。对于孤立分散的云，观测到的云量有时还会将云的厚度包含进去。这是由于侧视的缘故。云块愈接近地平线，所见到的云底部分愈窄，甚至只能见到云的侧面，云间的空隙看不到，因此就会把分散的云块误认为是密集的云层（图 15）。

表 20　扬沙、沙尘暴、浮尘、霾、尘卷风、烟幕的区别表

名称	外形特征	颜色	天气条件	大致出现时间
扬沙、沙尘暴		天空混浊，一片黄色	风较大	冷空气过境或雷阵雨、飑线影响时。北方春季尤其容易出现
浮尘		远物呈土黄色，太阳呈苍白色或淡黄色	无风或风较小	冷空气过境前后
霾		暗色远物呈浅蓝色，太阳呈土黄色、橘黄色	气团稳定，而且干燥	一天中任何时候均可出现
尘卷风			地面强烈的增温，但是增温不均匀	
烟幕	城市、工矿区或森林火灾等排出的大量烟尘弥漫在空中而形成的	远处的烟幕呈黑色、灰色或褐色，日出、黄昏时太阳呈红色	气团稳定，逆温时有利于形成	早晚出现

云量的观测全凭目测，主观成分很大，特别是对天边附近的云，观测中往往估计偏多，实际观测中一定要多加注意。

8. 云高的观测要点是什么？

何谓云高？就是云的底部到测站的垂直距离。目前云高的观测有5种：一是目测；二是利用目标物高度估测；三是用云幕球测云高；四是用云幕灯测云高；五是激光测云高。

（1）目测云高。这是目前气象站普遍采用的一种最简便的方法，虽不够精确，但是很实用。目测云高一般都是根据云状来判断，表21就是常见的几类云底高度的范围表。较为精确的方法是先统计并熟悉测站各种云的平均高度及可能出现的高度，经常将目测云高与实际云高进行比较，以积累目测经验。

表21　　我国各属云常见的云底高度范围表（谭海涛等，1980年）

云族	云　属	常见云底高度范围（m）	说　　明
低云	积　云	600～2000	沿海及潮湿地区，或雨后初晴的潮湿地区，云底较低，有时在600m以下；沙漠和干燥地区有时高达3000m左右
	积雨云	600～2000	一般与积云云底高度相同。有时由于有降水，云底比积云低
	层积云	600～2500	当低层水汽充沛时，云底高度可在600m以下，个别地区有时高达3500m左右
	层　云	50～800	与低层湿度有密切关系，湿度大时，云底较低，湿度小时，云底较高
	雨层云	600～2000	刚由高层云转变过来的雨层云，云底一般较高
中云	高层云	2500～4500	刚由卷层云变过来的高层云，有时云底高达6000m
	高积云	2500～4500	夏季南方地区有时可高达8000m左右
高云	卷　云	4500～10000	夏季南方地区有时高达17000m；冬季北方和西部高原地区可低至2000m以下
	卷层云	4500～8000	冬季北方和西部高原地区，有时可低至2000m以下
	卷积云	4500～8000	有时与卷云高度相同

平均云高和常见范围固然是目测云高的主要参考依据，但是由于影响云高的因子很多，在实际观测云时，还需要注意许多事情。例如：①海拔高度、季节、昼夜变化对云高的影响较大，一般来讲，云的凝结高度随海拔增加而降低；一年中冬季低于夏季；一日中早晚低于中午。②云体结构、云块大小、云的亮度、颜色、移动速度等都与云高有关系。一般来说，云底较低的云表现为结构松散、云块较大、透光性差、颜色较暗、云层移动快；反之，云底较高。③云在发生、发展、演变过程中，它的高度也在不断变化中（主要指系统侵入或移出天空的云层）。一般来说，发展中的云比消散中的云高度低。④有时近地面层的湿度对云高也有影响，如表21中的层积云、层云等。

（2）利用目标物估测云高。当测站附近有山、建筑物、塔架等高大目标物时，可利用目标物的已知高度估计云高。此时要注意的是天空能见度的好坏、目标物距离测站的远近。当目标物距离测站较远，而且能见度较差时，云高的估计会受影响。

（3）云幕球测云高。这种方法是利用施放氢气球来进行，已知氢气球的上升速度（可控制），当观测到氢气球已到达云底时，按下秒表，确定氢气球施放的时间，利用 $H=vt$（高度 ＝ 速度×时间）来计算云底高度。

（4）云幕灯测云高。在乌云遮蔽天顶时，便可用云幕灯测云高。云幕灯类似于探照灯，云幕灯的外面是一个圆筒，筒内装有强光灯泡，灯泡上面有一个小反光镜，下面有一个大反光镜，通电后强光光线照射在大、小反光镜上，形成平行光线射向云底。完成这种云高测定，还需要一个仰角器，将仰角器放在观测点，云幕灯放置在距离测站 300～500m 处，即水平距离 L 为已知，仰角器对准云底亮点，可知道仰角值，根据三角关系，便可求出高度 H。云幕灯和仰角器放置及其与云底高度的关系如图 16（a）所示。

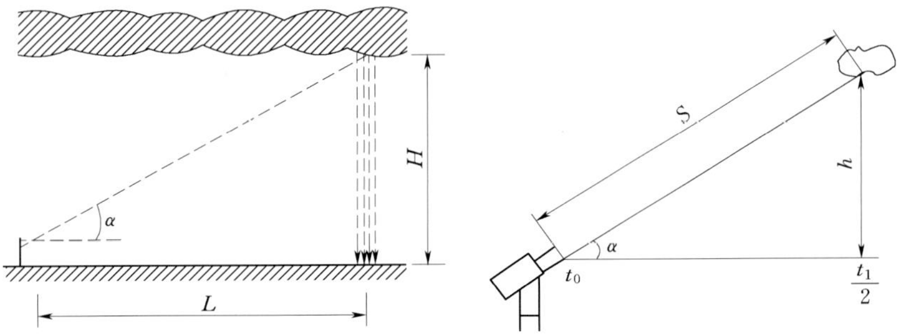

图 16　利用仪器测云底高度（谭海涛等，1980 年）

（a）云幕灯测云底高度原理；（b）激光测云底高度示意图

（5）激光测云高。是利用激光束在空气中运行很远而不衰减、同时具有高度方向性、高度单色性和高亮度的特性进行的。其工作原理［图 16（b）］是激光发射后，形成激光束，射向目标物，再由目标物反射回来，通过转换，计算出所测的距离。即

$$S=\frac{1}{2}C(t_1-t_0) \tag{7}$$

式中：S 为激光源到云体的距离；C 为光速；t_1 为激光发射时间；t_0 为激光返回时间。

而云底高度为

$$h=S\sin\alpha \tag{8}$$

式中：h 为云底高度；α 为仰角。

测云高的方法很多，事实上，各气象观测站的普遍使用的方法仍是目测云高法。

9. 云的识别要领是什么？

云是出现在大气高层的水汽凝结物，是悬浮在空中的水滴、冰晶或二者的混合体，它的底部并不接触地面，人们看到的只是它的底部或侧面。由于云的外形、数量、分布、移动和变化标志着大气中的各种物理状况，因此借助于云的观测，可以间接地了解各种气象要素的变化、天气过程的演变。所以，云的观测具有重要意义。

由于云的形状多种多样，变化也很复杂，按云的外形特征、结构特点和云底高度，人们把云分成了三族10属29类。所以识别云的要领是必须熟记云的名称及形状。云的名称和形状可依据表22来确定。高云分为3属，即卷云、卷层云和卷积云。每一属又分了几类，对于卷云而言，可分为毛卷云、密卷云、伪卷云和钩卷云。对于卷层云和卷积云又可分为毛卷层云、匀卷层云和卷积云。

表22　　高云的分类及特点

高云分类	云类及符号	图　例	识别依据
卷云	毛卷云 Ci fil		毛卷云形如羽毛，近似平行排列，毛丝般纤维结构明显，颜色洁白
	密卷云 Ci dens		呈絮状的密卷云，颜色洁白，云体边缘毛丝般纤维结构清晰，分布比较散乱
	伪卷云 Ci not		雨后的积雨云逐渐消散（下部的云体），其砧状部分刚刚脱离母体，沿高空气流的方向向前延伸，演变成伪卷云，其边缘毛丝般纤维结构明显，呈白色
	钩卷云 Ci unc		钩卷云的云丝纤细明显，颜色洁白。右边上端带有小钩，从西北方移入上空。往后继续发展

续表

高云分类	云类及符号	图　例	识别依据
卷层云	卷层云 Cs		云顶起伏不平，边缘发毛，云层不厚，呈灰白色
	毛卷层云 Cs fil		毛卷层云由西北逐渐地进入天空，但还未布满全天。云体上部毛丝般纤维结构清晰可辨；下部成层，呈灰白色。1h后逐渐布满全天，薄而均匀成层，出现明显完整的晕圈
	匀卷层云 Cs nebu		有时人们也称其为薄暮云体，这种云很薄，均匀成层，布满全天，看不出毛丝般的纤维结构
卷积云	卷积云 Cc		白色细小云块排列呈带状，有的密集成群，图右下部为密卷云，天顶均系小块卷积云

中云可分为2属，即高层云和高积云，高层云分为2类，即透光高层云、蔽光高层云，高积云又分为6类，分别是透光高积云、蔽光高积云、荚状高积云、积云性高积云、絮状高积云、堡状高积云，另有人将波状高积云和鱼鳞状高积云也列入这一类。其识别方法见表23。

低云有5个属（包括积云、积雨云、层积云、层云、雨层云），又细分为14类。其中积云有3类，分别是淡积云、碎积云、浓积云；积雨云分为2类，分别是秃积雨云、鬃积雨云；层积云分为5类，分别是透光层积云、蔽光层积云、积云性层积云、堡状层积云、荚状层积云；层云分为2类，分别是层云、碎层云；雨层云有2类，分别是雨层云、碎雨云。它们的形状和识别方法可参考表24。

表 23　　中云的分类及特点

中云分类	云类及符号	图　例	识别依据
高层云	透光高层云 As tra		浅灰色云幕是透光高层云。云层较薄，厚度比较均匀，已布满全天。隔着云层看太阳轮廓模糊，如同隔了一层毛玻璃
	蔽光高层云 As op		布满全天的蔽光高层云，云体较厚，底部的条纹结构明显可辨，呈灰色。该图为层积云云海，远处有积云
高积云	透光高积云 Ac tra		云块缝隙明显，从缝隙中可见蓝天
	蔽光高积云 Ac op		蔽光高积云均匀成幕，呈灰色，云块大小不均匀，排列也不整齐，云体较厚，看不见太阳
	荚状高积云 Ac lent		荚状积云呈白色，中间厚，边缘薄，呈现出重叠现象。这是由于山地气流波动的影响而形成的

续表

中云分类	云类及符号	图　　例	识别依据
	积云性高积云 Ac cug		积云性高积云，云块大小很不一致，排列也不整齐，右侧云块积云特征很明显，呈灰白色
	絮状高积云 Ac flo		云块大小不一，边缘破碎，像棉絮团，排列也不整齐。天边有密卷云和积雨云，右下方的积雨云云顶已出现明显的砧状，说明当时大气从低层到中层都处于不稳定状况。测站当时受850hPa图上的切变线影响，午后有雷阵雨产生。“朝有破絮云，午后雷雨临”就是指的这种情况
高积云	堡状高积云 Ac cast		图中大块层积云成条状，中部较厚，被夕阳余晖映射，边缘呈金黄色，中部成深灰色。远处狭长的云条上，有数个突起的云泡，清晰可辨，云条底部平直，即堡状高积云。低空飘浮碎积云，边缘破碎无定形。天边有两块正在衰退的浓积云
	波状高积云 Ac		如波涛一般，每一云条由许多块状的积云构成
	鱼鳞状高积云 Ac		如鱼磷般排列在空中，左上方的云类似于波状高积云，而中下方的云，块状特征很明显，如鱼鳞般

表 24 **低云的分类及识别特点**

低云分类	云类及符号	图例	识别依据
积云	淡积云 Cu hum		图中淡积云个体较小，底部平整有阴影，云顶凸起，水平宽度大于垂直高度。因受高空风的影响，云体顶部呈右高左低状态，边缘被风吹碎。由于透视原因靠天边的淡积云密集成行
	碎积云 Fc		由于大气层结不稳定，潮湿空气逐渐抬升，到达凝结高度而形成的碎积云（图中上部），边缘破碎，无定形，呈灰白色。图中下部为淡积云和浓积云
	浓积云 Cu cong		积云未布满全天，云顶圆弧形突起比较明显，中部较厚，呈暗灰白色，下层浓积云发展比较旺盛，底部较暗，这是发展中的浓积云
积雨云	秃积雨云 Cb calv		这是发展旺盛的浓积云演变而成的秃积雨云，云顶已开始冻结，圆弧形重叠，轮廓模糊
	鬃积雨云 Cb cap		鬃积雨云是由秃积云发展而成的。云顶有明显的白色毛丝般的纤维结构，由于云上部有稳定层阻挡，云顶已扩展成砧状

续表

低云分类	云类及符号	图　　例	识别依据
	透光层积云 Sc tra		这是形态比较典型的透光层积云。云块大而柔和，个体明显，中间部分呈灰色，有明显的缝隙，可见蓝天
	蔽光层积云 Sc op	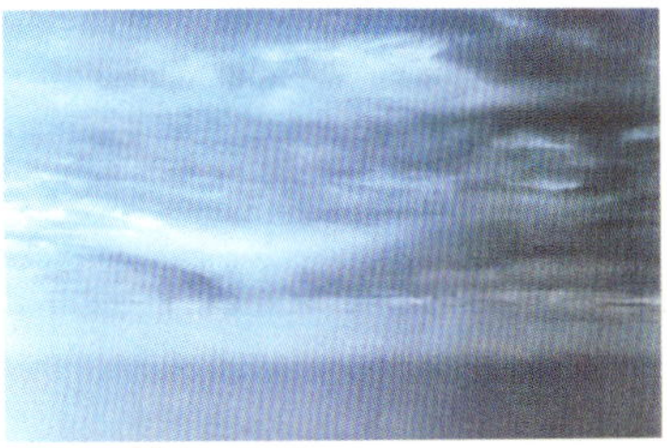	图中的蔽光层积云，云条密集成层，厚薄很不均匀，呈灰色和深灰色
层积云	积云性层积云 Sc cug		傍晚对流减弱，由积云平衍而成的积云性层积云，被夕阳映射呈金黄色，云块大并成条状，中部较厚呈暗灰色，上部是高积云
	堡状层积云 Sc cast		图中远处有三条云底平整，顶部突起有许多小云塔，类似城堡即堡状层积云。上部是透光层积云分散在天空
	荚状层积云 Sc lent		荚状层积云中间厚边缘薄，形似豆荚、梭子状的云条。个体分明，分离散处。当大气中气温不断升高时，荚状云就会逐渐消失。所以这种云多产生在晴天的早晨

低云分类	云类及符号	图　例	识别依据
层云	层云 St		层云云体均匀成层，呈灰色，很像雾，云底很低但不接触地面，常见于清晨。层云是在气层稳定的情况下，由于夜间强烈的辐射冷却或乱流混合作用使水汽凝结成雾抬升而成。层云经常在日出后因气温升高，稳定层遭到破坏而随之消散。有时层云也会下毛毛雨或米雪
	碎层云 Fs		云体为不规则的碎片，形状多变，移动较快，呈灰色或灰白色，往往是由消散中的层云或雾抬升而成。出现时多预示晴天
雨层云	雨层云 Ns		布满全天的雨层云，低而漫无定形，云层很厚，呈暗灰色，图中所示为正在降雨的雨层云
	碎雨云 Fn		碎雨云常出现在雨层云、积雨云或厚的高层云下，云体低而破碎，形状多变，移动较快，呈暗灰色，是由于降水蒸发，空气湿度增大，在乱流作用下水汽凝结而成

10. 云的演变规律对天气变化有何预示作用？

云是因为大气中的较多的水汽凝结而出现，水汽多少与降水有关系，因此云也与降水有关系。每种云的表示方法代表着一定的大气状况，有的标志着大气的稳定程度，有的则与天气系统相联系，常常能表示一定的天气演变形势。所以正确理解各种云的性质及其所代表的天气意义是很重要的。

（1）高云系列。毛卷云、密卷云和伪卷云都是对流云系中衰减后的残余部分，一般情况下表示天气良好。但是有时也是系统性云系侵入本地的先兆，预示着未来可能天气转坏。所以，观察云系的演变是可以知道未来天气的好与坏。

（2）中云系列。透光高层云和蔽光高层云或雨层云表示大气比较稳定，常是系统性发展的锋面云系中的主要部分，是降水天气的象征。透光高积云是气团内部的云，比较稳定，常常是在下沉逆温层下生成的，一般预示着未来没有坏天气。成片的透光高积云和蔽光高积云代表着云系在发展过程中，有可能继续发展演变成蔽光高层云或雨层云，这说明天气有可能转坏。而积云性高积云都是对流性云系移动到稳定性层结的大气中形成的，当它出现时，一般预示着天气系统向崩溃或消散阶段发展。但是堡状高积云、絮状高积云或层积云都是发生在大气极不稳定的条件下，夏季早晨出现时，常常预示着将有雷阵雨天气出现。

（3）低云系列。淡积云、浓积云、秃积雨云和鬃积雨云均表示对流发展的不同阶段，是气层不稳定的标志，此时要注意观察这几种云是否还在发展。积云性层积云表示低层大气趋于稳定，它代表着对流性云系开始进入衰退阶段。而普通层积云和层云或碎雨云是稳定性天气的象征，两者都是发生在低空有乱流逆温存在时的云。恶劣天气下的碎雨云多是锋面云系的附属物，它出现时表示云层有降水，天气恶劣。

综上所述，通过观测云的类别就可以判断未来可能出现的天气。表 25 给出了云的演变与天气变化的关系，认真学习，熟记在心，便可看云知天气。

表 25　　云演变的一般规律与天气意义（陆忠汉等，1984 年）

天气意义		发展阶段	消散阶段
对流性大气	弱对流	淡积云和碎积云→积云性层积云	淡积云和碎积云→积云性层积云→无云
	对流	淡积云→浓积云→秃积雨云→鬃积雨云	鬃积雨云→积云性高积云→无云 或：鬃积雨云→积云性层积云→无云
	强对流	浓积云→秃积雨云→鬃积雨云	密卷云→毛卷云→无云 密卷云→无云 伪卷云→密卷云→毛卷云→无云 积云性高积云→无云 积云性层积云→无云
	中空对流	堡状、絮状高积云或堡状层积云，混乱天空的高积云	
	高空对流	毛卷云、密卷云	
稳定天空	乱流	普通层积云	普通层积云→无云
	微弱乱流	层云、碎积云或两者并存	层云、碎积云或两者并存→无云
	近地面有逆温层	雾→层云、碎积云，或两者并存	层云、碎积云或两者并存→普通层积云→无云 或：层云、碎积云或两者并存→无云
	中空有逆温层	透光高积云	透光高积云→无云
	气流下沉	透光高积云、积云性高积云或积云性层积云	透光高积云、积云性高积云→无云 或：积云性层积云→无云
	高空有逆温层	以卷积云为主的高云天空	以卷积云为主的高云天空→无云

续表

天气意义		发展阶段	消散阶段
混合天空	乱流逆温下有对流	积云（淡积云或浓积云、碎积云）和普通层积云不在同一高度上	积云（淡积云或浓积云）和普通层积云→普通层积云→无云 或：积云（淡积云或浓积云）和普通层积云→淡积云或碎积云→积云性层积云→无云
锋面天空	暖锋（暖空气比较稳定）	卷云→卷层云→未布满天空的卷层云→透光高层云→蔽光高层云→恶劣天气下的碎雨云	锋面过境后，锋面云系消散；天空情况视气团性质而定
	暖锋（暖空气不稳定）	卷云→卷层云→未布满天空的卷层云→透光高层云→蔽光高层云→恶劣天气下的碎雨云→鬃积雨云	锋面过境后，锋面云系消散；天空情况视气团性质而定
	干暖锋	布满天空的卷层云→透光高层云→未布满天空的卷层云 或：卷云→布满天空的卷层云→卷层云	卷层云→无云 或：卷层云→毛卷云→无云 或：卷层云→密卷云→无云
	弱暖锋	透光高积云成层→双层高积云或蔽光高积云→蔽光高层云 或：透光高积云成层→普通层积云→蔽光高层云	锋面过境后，锋面云系消散；天空情况视气团性质而定
	急行冷锋	堡状、絮状高积云（或混乱天空的高积云）→鬃积雨云 或：卷层云→未布满天空的卷层云→卷层云→透光高层云→蔽光高层云→鬃积雨云	锋面过境后，锋面云系消散；天空情况视气团性质而定
	缓行冷锋	鬃积雨云→透光高层云→卷层云	锋面过境后，锋面云系消散；天空情况视气团性质而定

11. 不使用仪器如何观测风的大小？

风向风速的观测通常都是由仪器（电接风向风速计、EL 型电接风向风速计等）完成的。在测风仪器发生故障或者在战争期间无法使用测风仪器时，为了获得风的记录，也可目测风向风速，并以此作为正式记录。

目测风向一般指风的来向，可根据炊烟的方向、红旗或布条展开的方向和人体的感觉等方法，按八个方位进行估计。八个方位分别为北风、东北风、东风、东南风、南风、西南风、西风、西北风。

目测风力是根据风对地面或海面物体的影响程度来估计的。我国唐代科学家李淳风（602～670 年）在他所著的《观象玩古》一书中，曾把风分为八级。目前有的国家采用 13 个等级分法（英国人蒲福于 1805 年所拟定，故又称为蒲福风级），有的国家在 13 级的基础上作了一些修改，增加到 18 个等级。表 26 给出了目测风力等级表。

风速单位的换算关系如下：1m/s＝3.6km/h；1kn＝1.852km/h。

风速与风级之间也有数学关系，这种关系可以查表 26 获得，还可利用公式计算：

（1）N 级风平均风速与风级之间的关系为：

$$\overline{V}_N = 0.1 + 0.824N^{1.505}$$

式中：$\overline{V}_N$ 为 N 级风的平均风速；N 为风的等级。

如果已知风的级数 N，即可求出平均风速 $\overline{V}_N$。

（2）N 级的最大风速为：

$$V_{N\max} = 0.2 + 0.824N^{1.505} + 0.5N^{0.56}$$

N 级的最小风速为：

$$V_{N\min} = 0.824N^{1.505} - 0.5N^{0.56}$$

表 26　　　　风力等级表

风力等级	名称	陆地地面征象	海象及船只征象	相当风速		
				m/s	km/h	kn
0	无风	静止，烟直上	水面平静	0～0.2	<1	<1
1	软风	烟能表示风向，但风向标不能转动	微波如鱼鳞，无浪花，平常渔船略觉摇动	0.3～1.5	1～5	1～3
2	轻风	人面感觉有风，树叶微响，风向标能转动	小波，波形显著但不破碎，渔船张帆时，每小时可随风移行2～3km	1.6～3.3	6～11	4～6
3	微风	树叶及微枝摇动不息，旌旗展开	小波加大，波峰开始破碎，渔船渐觉簸动，每小时可随风移行5～6km	3.4～5.4	12～19	7～10
4	和风	能吹起地面灰尘和纸张，树的小枝摇动	小浪且波长变长，渔船满帆时，可使船身倾向一侧	5.5～7.9	20～28	11～16
5	清劲风	有叶的小树摇摆，内陆的水面有小波	中浪，有显著的长波形态，渔船需缩帆一部分	8.0～10.7	29～38	17～21
6	强风	大树枝摇动，电线呼呼有声，举伞困难	轻度大浪开始形成，渔船加倍缩帆，捕鱼需注意风险	10.8～13.8	39～49	22～27
7	疾风	全树摇动，迎风步行感觉不便	轻度大浪，破碎而成白沫，沿风向呈条带状，渔船停泊港中，在海上者需下锚停航	13.9～17.1	50～61	28～33
8	大风	微枝折毁，人向前行感觉阻力很大	有中度大浪，波长较长，波峰边缘开始破碎成飞沫片，沿风向呈条带状，近港的渔船皆停留不出船	17.2～20.7	62～74	34～40
9	烈风	建筑物有小损（烟囱顶部及平屋摇动）	狂浪，沿风向白沫呈浓密条带状，波峰开始翻滚，飞沫可影响能见度，汽船航行困难	20.8～24.4	75～88	41～47
10	狂风	陆地少见，见时可使树木拔起或建筑物损坏较重	狂涛，波峰长而翻卷，白沫成片出现，沿风向呈白色浓密条状，海面颠簸加大，汽船航行很困难	24.5～28.4	89～102	48～55

续表

风力等级	名称	陆地地面征象	海象及船只征象	相当风速		
				m/s	km/h	kn
11	暴风	陆地少见，有则必使建筑物损坏严重	异常狂涛，海面完全被沿风向吹来的白沫所掩盖，波浪到处破成泡沫，能见度受影响，汽船航行极危险	28.5～32.6	103～117	56～63
12	飓风	陆地极少见，摧毁力极大	海浪滔天，空中充满了白色浪花和飞沫，海面完全变白，能见度严重受影响	32.7～36.9	118～133	64～71
13				37.0～41.4	134～149	72～80
14				41.5～46.1	150～166	81～89
15				46.2～50.9	167～183	90～99
16				51.0～56.0	184～201	100～108
17				56.1～61.2	202～220	108～118

四、天气图绘制原理及方法

1. 天气图的底图究竟是什么投影?

天气图底图（简称底图）是用来填写各地气象观测资料而特制的空白地图。为了分析和预报一个地区的天气，天气底图必须包括足够大的地理范围，其范围的大小主要根据预报时效的长短，预报区域所在的地理位置和季节来定。制作中长期预报的底图范围应比制作短期预报的底图范围大。预报区域在中、高纬度时，由于天气系统主要来自西方和北方，因此邻近预报区域的西边和北边的范围应比东边和南边大；预报区域在低纬度时，则东边、南边的范围应适当扩大。在我国，不同季节天气系统的活动情况有明显不同，相应的底图范围也应有所伸缩。冬季，底图上西边和北边的范围要大一些；而夏季，底图上东边和南边的范围就要适当地扩大。另外，高空天气图包括的地理范围应比地面天气图的范围要广一些。

底图上印有测站的区号、站号和站圈，还印有经纬度网格和少数重要城市的名称，并用适当颜色表示出陆地、海洋、地势以及河流湖泊的分布。在图的底边还标有天气图的种类及所采用的地图投影方法、比例尺和高度表等信息。

地球上经纬度线在平面上表示出来的方法叫做地图投影。由于地球是一个近似于球形的椭圆体，因此，在一般的地球投影中，常把地壳当作一个球面来处理。天气图底图的投影要求符合下列四个条件：①保持形状正确；②保持方向正确；③保持面积正确；④绘法简易。

但是，椭球面和球面在几何学中都是不展开面，若不将其分裂或部分折叠起来，便无法将这种曲面展开成平面，因此，在使用平面地图时，无法同时满足上述四点条件。

为了实现准确地表达部分地球表面信息，天气底图的投影只能部分地满足要求，此时主要考虑形状正确和方向正确这两点，而忽略面积准确和绘法简单的要求。常用的底图有3种投影方法。

（1）双标准纬线（30°和60°）等角圆锥投影（也称为兰勃托投影）。这种投影也是目前短期天气预报图（包括地面天气图和高空天气图）的投影方式。双标准纬线等角圆锥投影方式就是将平面图纸卷成一圆锥形，与地球仪在30°和60°两个纬圈相割［图17（a）］，光源置于地球中心，将各经纬线和地形投影到圆锥形的图纸上，然后将图纸展开形成扇形［图17（b）］。

底图还有比例尺的标记，底图上两点之间的距离与地表上相应两点间的实际距离之比，称为比例尺。比例尺的大小要根据底图包括的地理范围来选定。我国目前使用的天气图底图中，北半球底图的比例尺为 1∶30000000；欧亚区域的底图比例尺为 1∶20000000；亚洲或东亚区域天气图底图的比例尺为 1∶10000000；小区域天气图底图比例尺为 1∶3000000。比例尺的表示方法有以下几种（现以 1∶10000000 的比例尺为例）：

①等号式：1cm＝100km；

②比例式：1∶10000000；

③分数式：$\frac{1}{10000000}$；

④文字式：一千万分之一；

⑤图解式：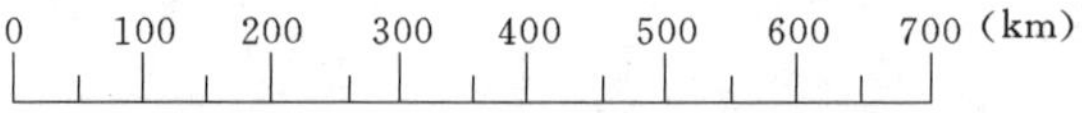

；

⑥复合图解尺：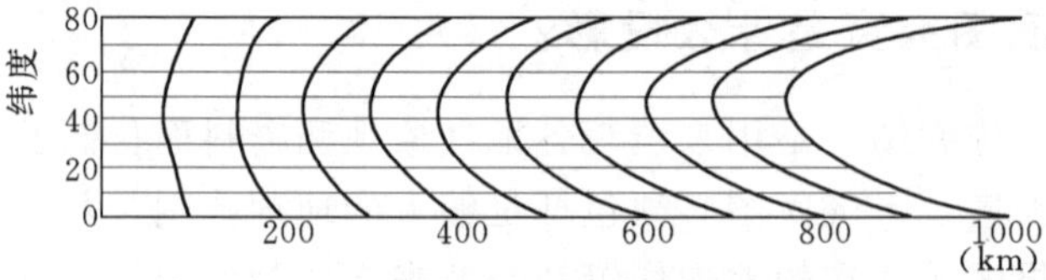

。

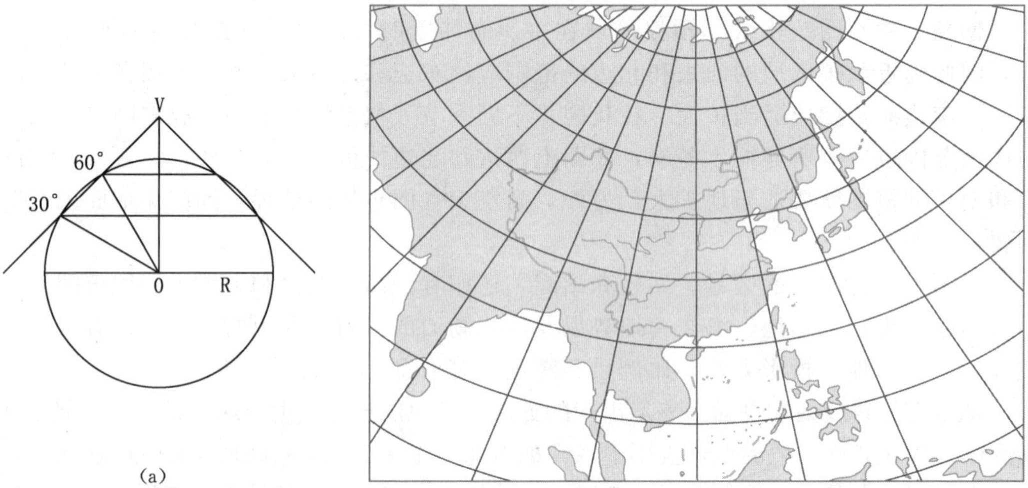

审图号：GS（2009）389 号

图 17　双标准纬线等角圆锥投影示意图（彭安仁等，1981 年）

(a) 双标准纬线等角圆锥投影；(b) 双标准纬线等角圆锥投影的底图

当地图投影在各纬度上的放大率或缩小率不同，不能在同一比例尺来量度底图上任何地方的实际距离时，需用复合图解尺。复合图解尺就是在不同纬度上有不同的比例尺。使用时必须注意与所度量地区的所在纬度配合，这样才能正确表达出实际距离。

(2) 极地平面投影（也称为极射赤面投影）。这种投影是将平面图与北极相切，光源置于南极（或北极），其经线成为从北极出发的放射状直线，而纬线成为同心圆。如图 18 所示。这种投影保持方向和形状的正确，但面积越临近赤道越大，即在低纬度地区具有放大作用，其放大系数 $m(\varphi)$ 可用下式表示：

$$m(\varphi) = \frac{2}{1 + \sin\varphi} \tag{9}$$

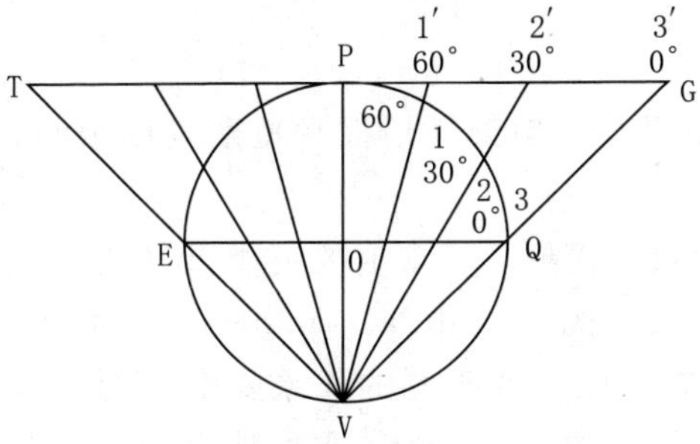

(a)

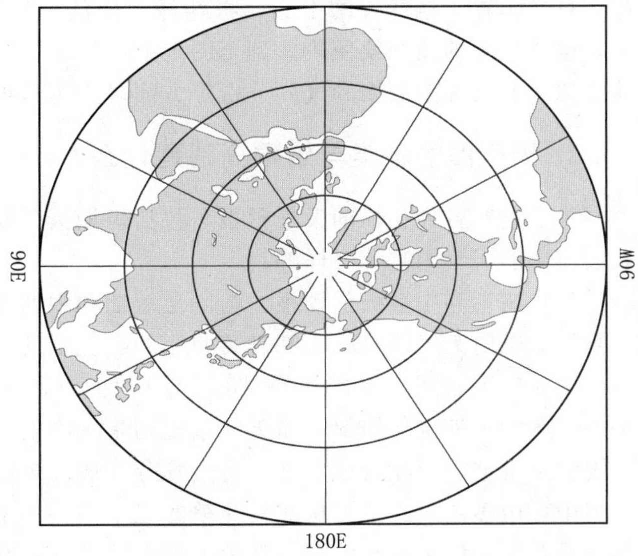

(b)

审图号：GS（2009）389 号

图 18　极地平面投影（彭安仁等，1981 年）

(a) 极地平面投影；(b) 极地投影的北半球图

这种图在极地和高纬度地区表面很真实，一般用作北（南）半球图和极区天气图。目前短期气候预测均用这种投影天气图来发布半球预报，在大气科学研究中也常常使用它，天气学与气候学这门课中，许多示例图也是这种投影图。

在进行地图投影时，可以按照需要定出投影的放大倍数。换句话说，那就是每一种地图站距离和真实地球上的距离具有一定的比例关系，由于投影的放大系数 m 一般都是纬度 φ 的函数关系，所以即使同一种投影中比例尺各纬度也相同。一般在底图的边角上都印有比例尺，可供度量地图上的距离之用。

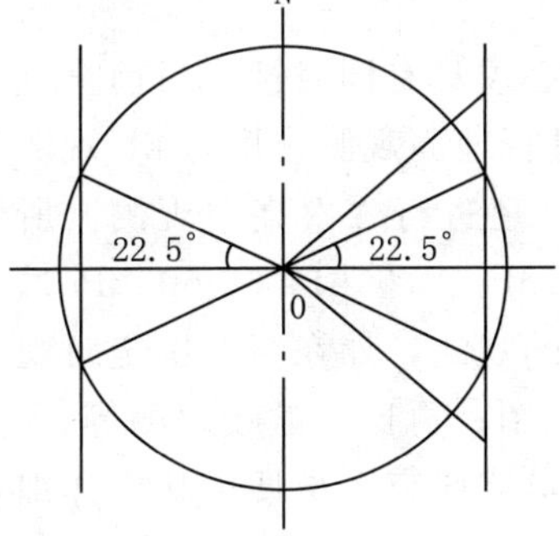

(a)

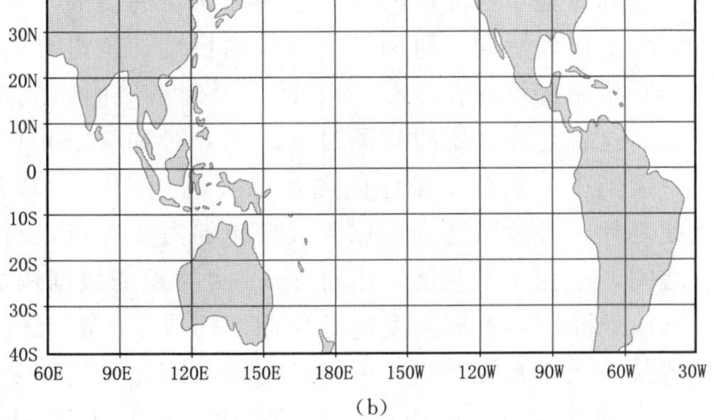

(b)

审图号：GS（2009）389 号

图 19　圆柱投影示意图（成秋影，1992 年）

(a) 圆柱投影；(b) 圆柱投影的底图

（3）圆柱投影（也称为麦卡托投影）。这种投影方式是把平面图纸卷成圆柱形，将其包在地球仪的外面，使圆柱的轴和地球仪的轴重合，此时圆柱形的图纸与地球仪的赤道相切，将光源置于地球仪的中心，将地球表面的经纬线投影在圆柱面上，再展开圆柱形图纸，地球仪上的经纬线便投影到了图纸上，形成了一张新的投影方式。一般低纬度地区或赤道地区的天气图底图和气候分析等方面多采用这种投影方式的底图，如图 19 所示。

2. 天气图的种类与结构分别是什么？

为了进行各种各样的天气预报，包括短期天气预报、中期天气预报和短期气候预测，人们需要的天气图是不一样的。

（1）短期和中期天气预报。为满足短期和中期预报的需要，一般需要三类天气图。一类是最基础的天气图，每天都需要使用的，包括地面天气图、850hPa、700hPa 和 500hPa 等压面天气图（图 20）。对于短期天气预报而言，填在底图上的观测的气象要素只能表示水平方向的天气变化情况，而天气系统均是三维空间发生的事件，为了更好地表示出天气系统的三维空间变化特征，必须将大气分割成许多层，每一层上都把观测到的气象要素填在其中，由多层水平面图构成较完整的三维空间的立体图。最下面的图就是地面天气图，其上是各个高度上的高空图。气象上最常用的几个高空图就是 850hPa、700hPa 和 500hPa 等压面天气图，还有几个高空图，如 200hPa 和 100hPa 等面天气图一般气象台站不需要，国家气象中心以及区域气象中心有可能使用。

选择这几个高空等压面图是有代表意义的，由于对流层是产生各种天气系统的大气层，因此了解对流层的特征，掌握对流层的变化规律是大气科学研究的主要目的。850hPa 和 700hPa 对应的是对流层大气的低层，同时受地形影响较小，最能反映天气系统中下层空间结构和动力性质。500hPa 对应的是对流层大气的中层，能够表示大气环流系统的形势变化特征，对低层天气系统移动和发展有重要影响。所以日常天气预报工作中最常用的就是 850hPa、700hPa 和 500hPa 三个等压面图。而 200hPa 和 100hPa 则对应了对流层大气的上层，这一层的气温经常在 0℃以下，这里的云都是由冰晶或过冷水滴组成，能够反映许多强对流天气系统的上层的情况。大气科学的研究就是对通过大气的分层研究，达到对整个对流层的深入了解和认识的目的。

为了能表示同一时刻大气运动的特性，全世界的气象观测必须具有同时性。目前全世界的观测站都统一在 8 时、14 时、20 时和 2 时（北京时间）进行地面观测，即每 6h 观测一次，这就是天气定时观测时间。在 8 时和 20 时（北京时间）还进行二次高空观测。所以一天当中应该有 4 张地面图，二套高空图（每套分别有 850hPa、700hPa 和 500hPa）。除此之外，各地区还会根据天气变化的需要进行定时观测以外的观测，如在每 2 次定时观测之间，增加 1 次观测，用每 3h 一次的观测数据构成辅助天气图；再比如航线观测等。

由地面图和不同高度的等压面图构成了一套天气图，预报员或研究人员便可从中详细了解某一天气系统在高、低空的配置，因此天气图是研究天气系统的生成、演变、发展和衰亡的基础资料。例如，图 20 是 2008 年 1 月 28 日 8 时地面和 3 个等压面天气图，由该图可以看到，亚洲大陆地区的中高纬度主要由西伯利亚冷高压系统控制，中国华南沿海则由一条静止锋控制［图 20（a）］。对应高空图中，冷高压系统从地面一直延伸到高空

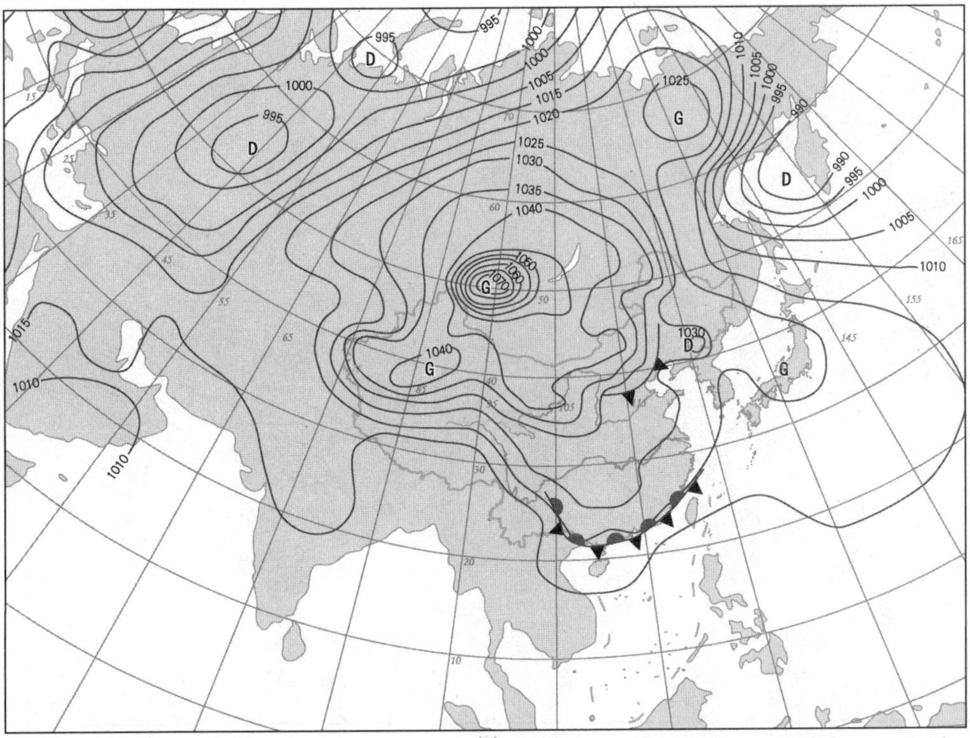

(a)

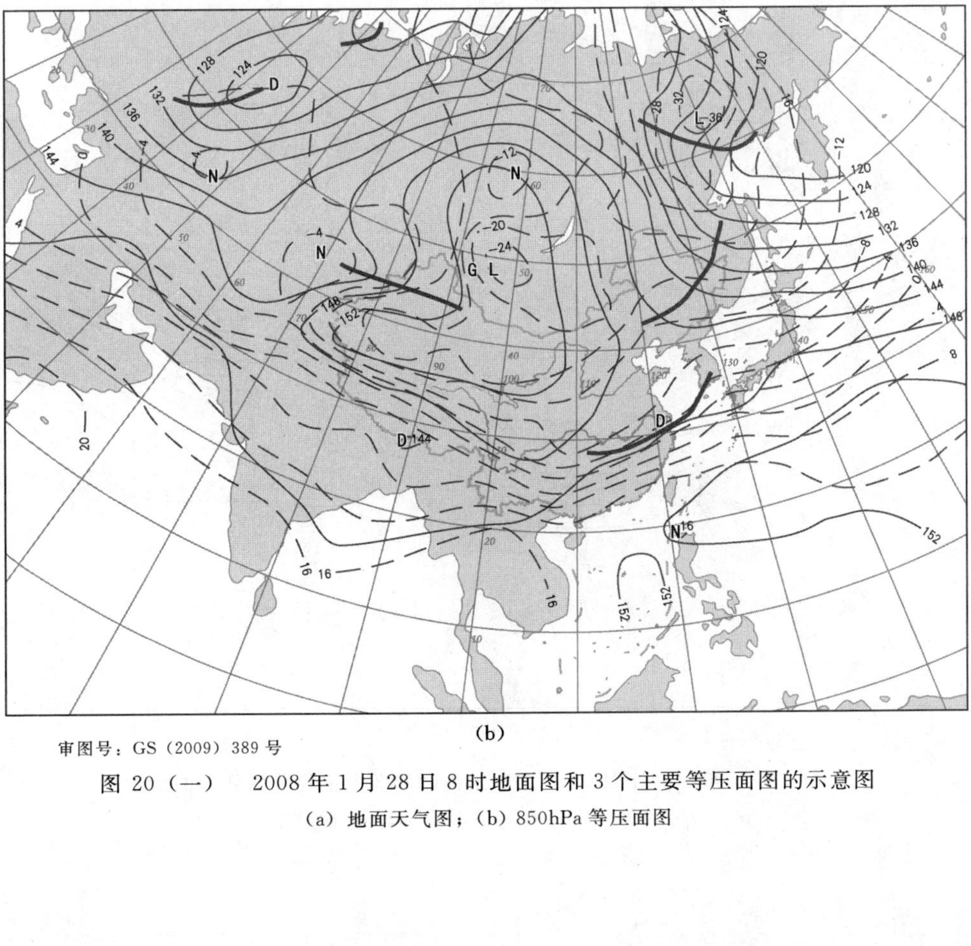

(b)

审图号：GS（2009）389 号

图 20（一）　2008 年 1 月 28 日 8 时地面图和 3 个主要等压面图的示意图

（a）地面天气图；（b）850hPa 等压面图

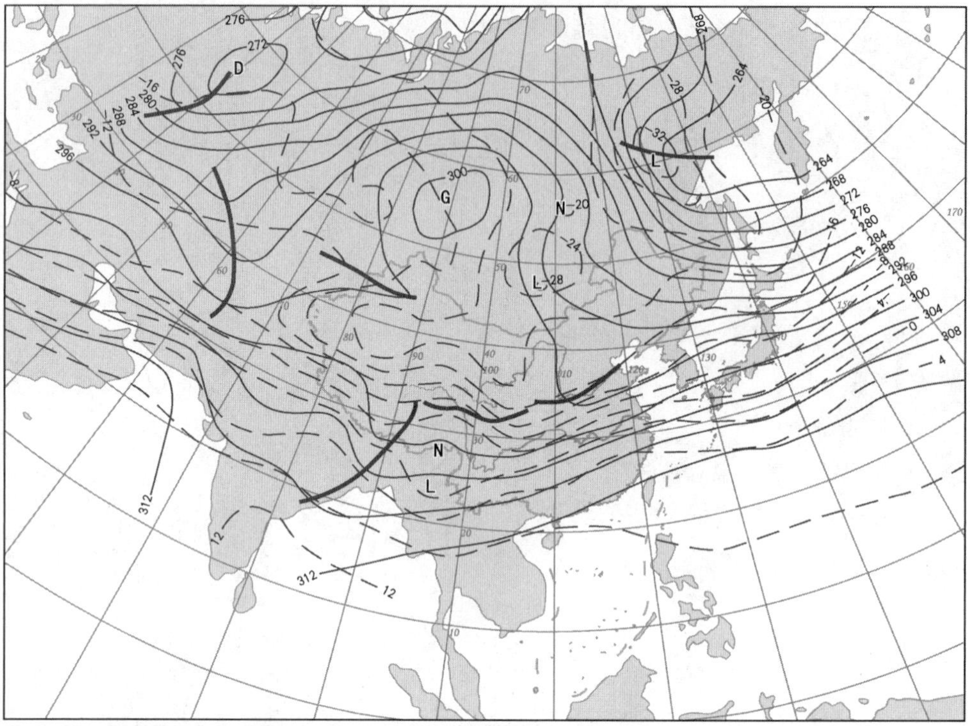

(c)

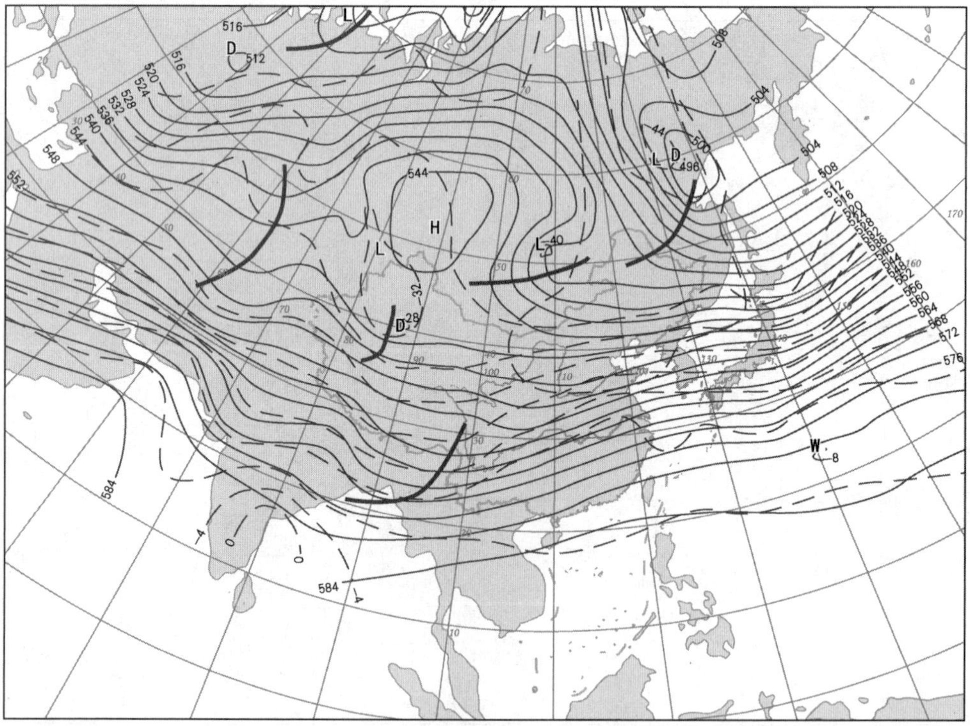

(d)

审图号：GS（2009）389 号

图 20（二） 2008 年 1 月 28 日 8 时地面图和 3 个主要等压面图的示意图

（c）700hPa 等压面图；（d）500hPa 等压面图

500hPa［图 20（d）］高度，与静止锋相对应，850hPa［图 20（b）］上是位置偏后一点的切变线（粗黑实线），700hPa［图 20（c）］的横槽（粗黑实线）和 500hPa［图 20（d）］竖槽（粗黑实线）位置更偏北一些。从地面到高空，静止锋和高空切变线、高空槽基本是对应的，但是，高空槽的位置更偏后一些，表现出后倾（即地面到高空系统向西倾斜）的特征。

另外，还有两类辅助天气图，用以显示天气过程的不同侧面。一是地面辅助图，包括天气实况演变图、危险天气现象图、变压图、变温图、降水量图等；二是高空辅助图，包括流线图、等熵面图、变高图、剖面图、温度对数压力图等，图 21 给出了 2 个图例。

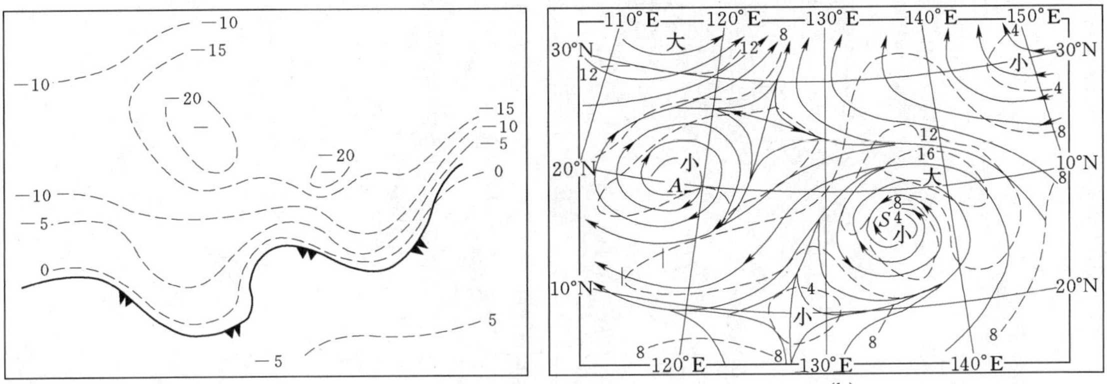

(a)　　　　(b)

图 21　辅助天气图例

（a）冷锋附近 24 小时变温图；（b）流线和等风速图

（实线为流线，虚线为等风速线）

（2）短期气候预测。对于短期气候预测而言，不仅需要天气图具有更大的空间尺度，同时也需要更长的时间尺度。例如北半球月平均环流图（主要为 500hPa、200hPa），北半球旬平均（10 天为一旬）环流图。这是因为短期气候考虑的是月以上的时间尺度的预测，因此，更注重大气环流的平均状况，而不需要了解中小尺度的大气波动。通过分析平均环流的变化特征，推测下一个月或年的大气环流的平均特征，以达到短期气候观测的目的。图 22（a）就是极地投影下的 500hPa 月平均环流图。而图 22（b）则是为了研究东亚地区天气形势使用的月平均图。

（3）气候研究。涉及到气候研究方面，使用的天气图种类更多。例如，高度场距平合成图、纬向风或经向风分布图、海温距平图、水汽通量图、对流层大气厚度图等。图 23（a）、（b）分别是 1997 年 5～8 月 500hPa 高度距平合成图和 1997 年 8 月平均风矢量图。

通过绘出大气中各种物理量的垂直分布或水平分布图，可以更深入地剖析引起各种各样天气的原因，寻找预测技术和方法，以达到有效地防治各种气象、水文灾害的目的。

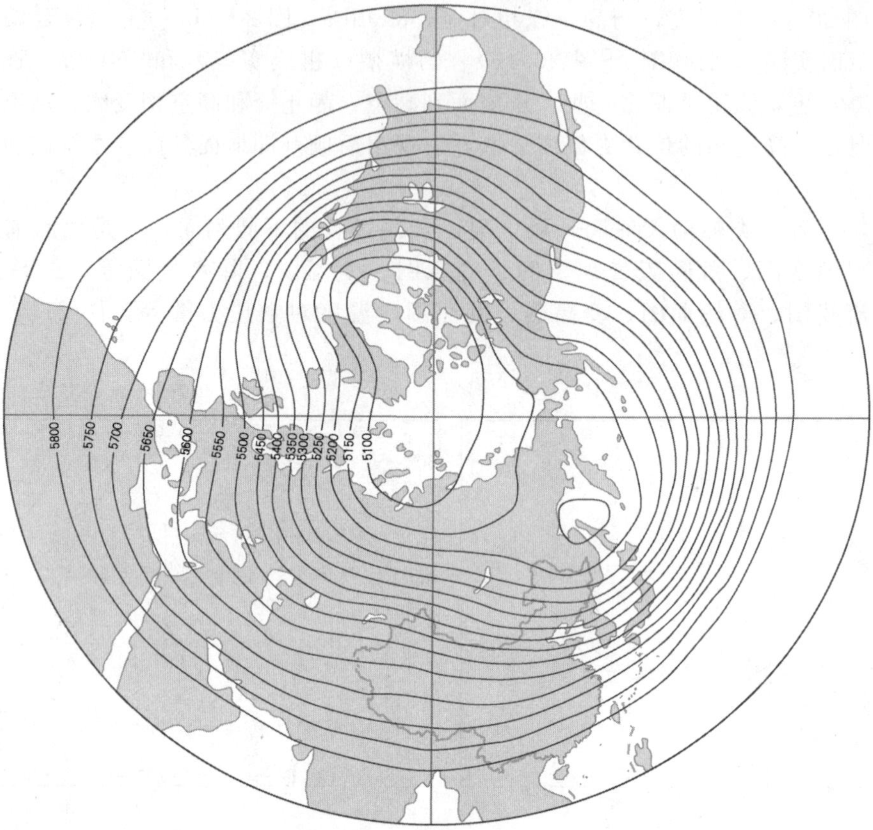

(a)

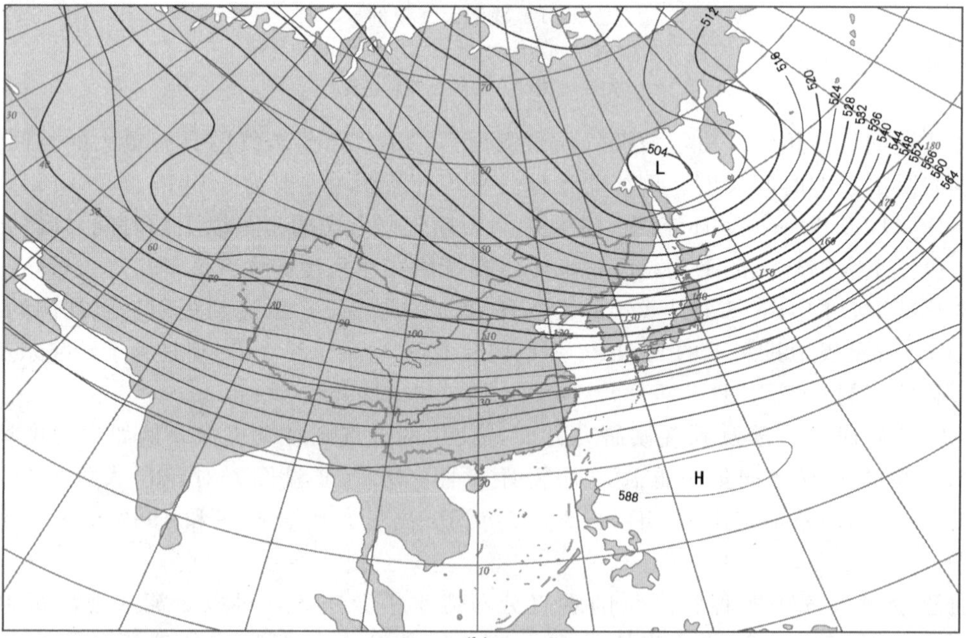

(b)

审图号：GS（2009）389 号

图 22　平均环流图

(a) 北半球 1998 年 8 月 500hPa 月平均图；(b) 东亚 1 月 500hPa 月平均图

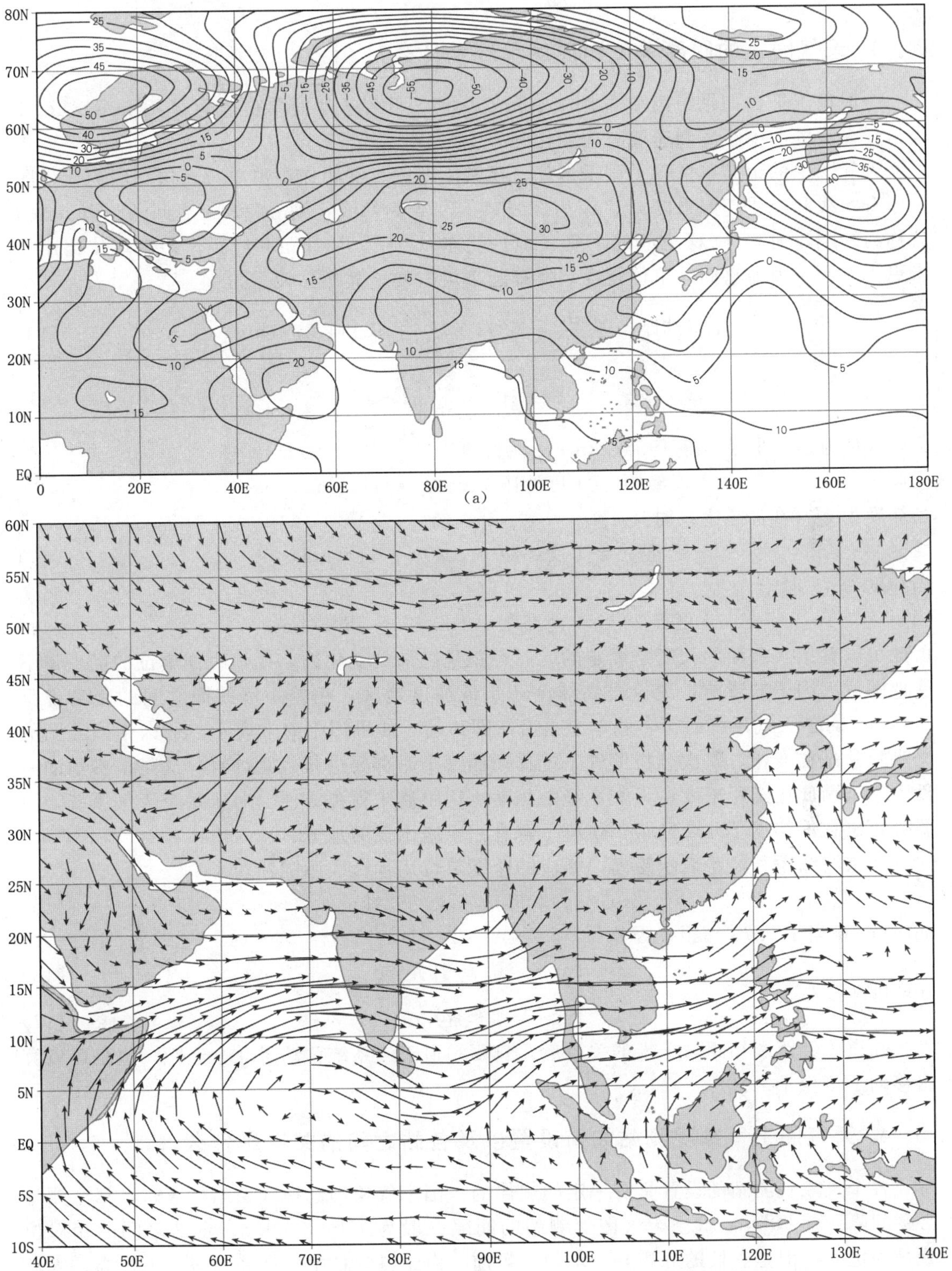

审图号：GS（2009）389 号

图 23　气候分析用图

(a) 1997 年 5～8 月 500hPa 高度距平合成图；(b) 欧亚地区 1997 年 8 月平均风矢量图

3. 天气图上的距离单位和速度单位是什么？

一般情况下，如果距离单位用 m、km 表示，那么速度的单位就可以用 m/s、km/h 表示。在天气图中距离和速度有无变化呢？

天气图上的距离单位除了用千米外，还常用纬距、经距作距离单位。这是因为天气图上印有纬线和经线，如果以 λ_1，λ_2 为经线，φ_1，φ_2 为纬线，则 φ_1 和 φ_2 之间的距离（$\Delta\varphi$）就称为纬距，而 λ_1 和 λ_2 之间的距离（$\Delta\lambda$）就称为经距。用纬距和经距作距离单位比用千米更为方便，因为它们的单位是度，换算起来更方便。其换算关系为

$$1\text{ 度纬距} = \frac{2\pi R}{360^\circ} = 6371 \times \frac{2\pi}{360^\circ} \approx 111.137(\text{km}) \tag{10}$$

$$1\text{ 度经距} = \frac{2\pi R}{360^\circ}\cos\varphi \tag{11}$$

式中：R 为地球半径，等于 3671km；φ 为纬度。

因此

$$1\text{ 度经距} = 1\text{ 度纬距} \times \cos\varphi = 111\text{km} \times \cos\varphi \tag{12}$$

当纬度为 0°（在赤道上）时

$$1\text{ 度经距} = 1\text{ 度纬距} \times \cos 0^\circ = 111(\text{km}) \tag{13}$$

当纬度为 45°时

$$1\text{ 度经距} = 1\text{ 度纬距} \times \cos 45^\circ = 78.5(\text{km}) \tag{14}$$

由此可以看出，纬距的长度是固定的，而经距是随纬度变化的。用纬距作单位的优点是不受地图放大因子的影响，无论是高纬度还是低纬度地区，相差 1 度纬圈之间的距离都是 111km。对于天气系统而言，基本上是沿纬圈移动，如果用距离来表示，那么不同经圈的千米数总是在变化，每次分析天气系统移动的距离时都要进行经距计算，这是很麻烦的一件事情。因此用经距来度量天气系统的移动比用距离来得更方便。对于每个天气系统，只要分析出它们移动了几个经距，便可了解它们未来出现的地方。

如果用纬距和经距表示距离，相应的速度单位用什么表示呢？对于

$$1\text{m/s} = 3.6\text{km/h} = 86.4\text{km/d} \tag{15}$$

86.4km 相当于 0.78 纬距，因此

$$1\text{m/s} = 0.78\text{ 纬距/d} \tag{16}$$

在纬度 45° 处

$$1\text{m/s} = 1\text{ 经距/d} \tag{17}$$

知道了经距和纬距与千米的关系后，只要知道天气系统移动了几个经距，也是可以算出移动了多少千米。

4. 天气图上气象观测站如何设置以及各站之间的关系是什么？

各个气象观测站的设置是有一定的规律的。国家气象局选择气象站位置时，每个测站必须间隔 40～50km，高空天气图上测站的间隔一般为 150～200km。台站之间的相对位置是固定的，但是它们的分布并不均匀。目前，由于科学技术发展和经济实力提高，人们大力发展了自动观测系统，特别是自动气象站和自动雨量站的推广使用，台站之间的间隔大为缩小，尤其是东部地区，台站之间的间隔（包括自动气象站在内）已减小到 10km 左

右。但是，在天气底图上标示出的气象站仍是人工测站。如果需要计算区域降水量（包括面雨量）时，需要根据测站经纬度，计算测站之间的实际距离。如果进行数值模型计算，则必须将测站资料内插到实际设置的邻近的网格点上，才能进行差分计算。

台站号的排列也是有规律的。对于中国而言，将整个国土分成10个大区，即50～59区，每个区的台站号排列以百位数自北向南增大，十位数和个位数自西向东增大。

由图17的东亚天气图的底图可以看到，图中粗大的字体就是大区编号，粗的绿色经纬度线就是几个大区的分界线，50～59是中国所属大区，其余为俄罗斯、蒙古、印度及西亚等国所属的大区。图中较小的数字就是台站号，有的是3位数，有的是5位数。5位数字多出现在各大区与邻国的边界附近，以示归属区域，如果能够确定某站的归属区域，则只标出3位数字。

5. 天气分析的要点是什么?

为了使天气分析中基本系统分析正确，不漏系统，分析天气图一般应注意以下几个问题。

（1）正确判断记录。由于气象观测仪器的精度、观测和通信传递等种种原因，使天气图上所填的记录中，常会出现一些错误，必须进行判断，其依据方法见本部分第23题。

（2）注意天气系统的连续性。天气系统的生、消、演变都有一定的连续性，但也要注意新生系统的发展和旧系统的消亡。如中小尺度系统飑线，它的生命史很短，在天气图上还是有反映的。有的天气系统如台风登陆后逐渐减弱为低气压，强度明显减弱，但由于南北纬的相互作用，北方的冷空气进入低压内，使减弱的台风重新发展，并产生很大的降水。因此分析天气图时要根据几张天气图进行综合比较分析，正确分析系统的生消过程，得出准确的预报。

（3）注意三维空间的配合。天气系统发生在三维空间，必须重视上、下层的配合，使所分析的天气系统更为合理。如有些是温压对称系统，有些是温压不对称系统。如夏天西北地区的热低压往往是温压场对称系统，上、下层低压都是暖性的，在地面图上只能分析低压，不能分析出冷暖锋来。只有在高空图上，低压北面有冷空气进入热低压中，使低压变性、从源地移出，并形成气旋时，才能分析出冷暖锋。

6. 地面天气图上每一组数据的含义是什么?

地面天气图是根据气象站观测到的数据填绘出来的，不同地区使用不同区域的天气图。目前地面天气图包括全球天气图、北半球天气图、欧亚天气图、亚洲天气图、东亚天气图和中国等各种不同范围的天气图。地面天气图上每个测站的信息均以一个圆圈为中心，数据填在四周，图24（a）是地面图填图的基本形式，左边一列数据分别是：

$T_{24}T_{24}$：测站24h气温变量（一般不填该数值）；

$T_xT_xT_x$：过去24h内的最高气温（一般不填该数值）；

$T_nT_nT_n$：过去24h内的最低气温（一般不填该数值）；

$T_gT_gT_g$：地面最低气温（一般不填该数值）；

TTT：气温，以℃为单位，要求取整数，0℃以下用负数表示。

WW：现在天气现象；

VV：有效水平能见度，km；

$T_dT_dT_d$：露点温度，以℃为单位，要求取整数，0℃以下用负数表示；

中间一列代码分别是：

C_H：高云状，用云的相应符号表示；

C_M：中云状，用云的相应符号表示；

N：总云量（天空被所有的云遮盖的总成数，用成数表示）；

C_L：低云状，用云的相应符号表示；

h：最低云的云底高度，m。

右边一列代码分别是：

$P_{24}P_{24}$：测站 24h 气压变量（一般不填该数值）；

$PPPP$ 或（$P_0P_0P_0$ P_0）：海平面气压（或本站气压），只填最后三位数字，例如，海平面气压为 1012.5hPa，在图上只填 125，小数点不填；

a：过去 3h 气压倾向，以代码（0～8）表示；

ppp：过去 3h 本站气压变量，填 2 位数，小数点不填，正变压加上“＋”，负变压加上“－”。例如，3h 变压为 1.2hPa，图上填＋12，过去 3h 变压为－3.2，图上填－32；

N_h：C_L 云（没有 C_L 云时为 C_M 云）的云量；

W_1W_2：过去 6h 的天气现象；

RRR：降水量；

tR：降水时段；

$S_pS_ps_ps_p$：重要（或称为特殊）天气现象，如雷暴、冰雹、龙卷风等都要放在这一栏目中；

dd：风向，指风的来向，以十六方位表示；

ff：风速，填在风向杆上，每 4m/s 为长划，每 2m/s 为短划，每 20m/s 为三角旗。

图 24（b）是一个填图实例，某测站北风 4m/s，海平面气压 1019.3hPa，气温－2℃，露点温度－3℃，能见度 3km，3h 气压倾向上升，气压变量＋0.3hPa，总云量 10 成，中

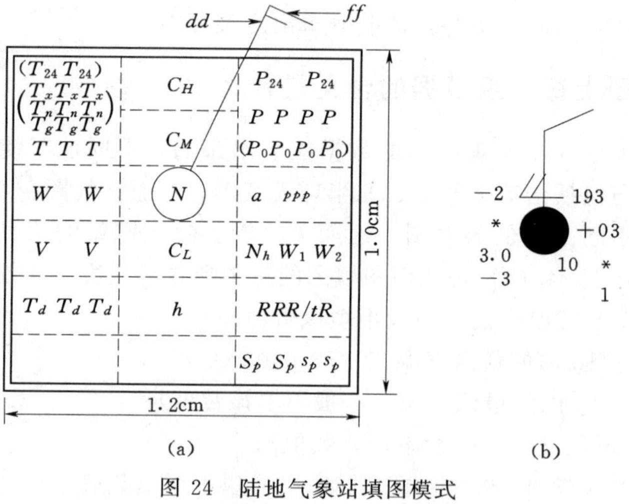

图 24　陆地气象站填图模式

(a) 地面基本填图模式（乔全明等，1990 年）；(b) 实际例子（成秋影，1992 年）

云为高层云，现在天气有间歇性小雪，过去6h内有雪，降雪量1mm，在地面天气图上，这些数字将被填成图24（b）的形式。

7. 在地面天气图上需要画哪些项目？

地面天气图上的许多信息要客观、准确、迅速、及时地标识出来，以便预报员分析天气，做出正确预报。因此，有些信息必须要分析出来，否则可能无法准确判断天气系统的发展过程，以至于影响天气预报结果。天气图一定要画出以下信息：①等压线并标注高、低压中心及强度，尤其是重要的等值线一定不能漏掉；②锋、赤道辐合带，这是重要天气发生区，漏掉后可能导致对重要天气的发生发展判断错误；③3h等变压线，并标注正、负变压中心及强度；④要标出各种降水及特殊天气现象（如图26中阴影区）。

注意了上述4点之外，还应注意以下2点：①一定要注意判断记录的正确与错误，发现有错误数据一定要用铅笔划掉，并尽可能加填上正确的数值；②较重要的等值线（如1000hPa、1050hPa等压线、等高线等）可画得较深，其他线可画得浅一些，以示区别。

图25给出了一张标准的天气图上应当画出的等值线及内容。由图25可以看到，黑色（实际天气图用蓝色）实线是地面等压线；红色“*D*”表示低压中心（如果是高压中心就要用蓝色笔标出“*G*”）；由低压中心伸展出来的黑色带三角的实线是锋线，阴影区是降水区，位于冷锋的附近。

8. 分析地面天气图的一般步骤是什么？

拿到一张地面天气图时，不要急于求成，一个熟练的预报员一般都会遵循以下几个原则进行分析：

（1）首先要初步了解天气系统的大致情况，注意观察哪些地区是低气压区，哪些是高气压区。

（2）用铅笔大致标注高、低压中心的位置，下一步等压线的分析便可围绕高、低压中心进行。

（3）勾勒出天气区的范围，并标注上各种天气现象分布。

（4）分析等变压线，变压最明显的地方，预示着未来气压系统的走向。

（5）初步定出锋面的位置，可以先用铅笔画出锋面位置，等后面的分析完成，再用蓝色笔画出锋线。

（6）分析等压线，确定高、低压系统。

（7）根据高空850hPa（或700hPa）锋区（即等温线密集区）、地面天气区分布和卫星云图上的锋面云系等，最后确定地面图上锋的位置和类型（是冷锋还是暖锋、静止锋或锢囚锋）。

9. 如何在地面天气图上画等压线？

地面图上的气压是海平面气压，也就是由气象站观测的本站气压折算成的海平面气压，统一填写到地面图上，形成全球，或半球，或东亚地区的海平面气压分布图。

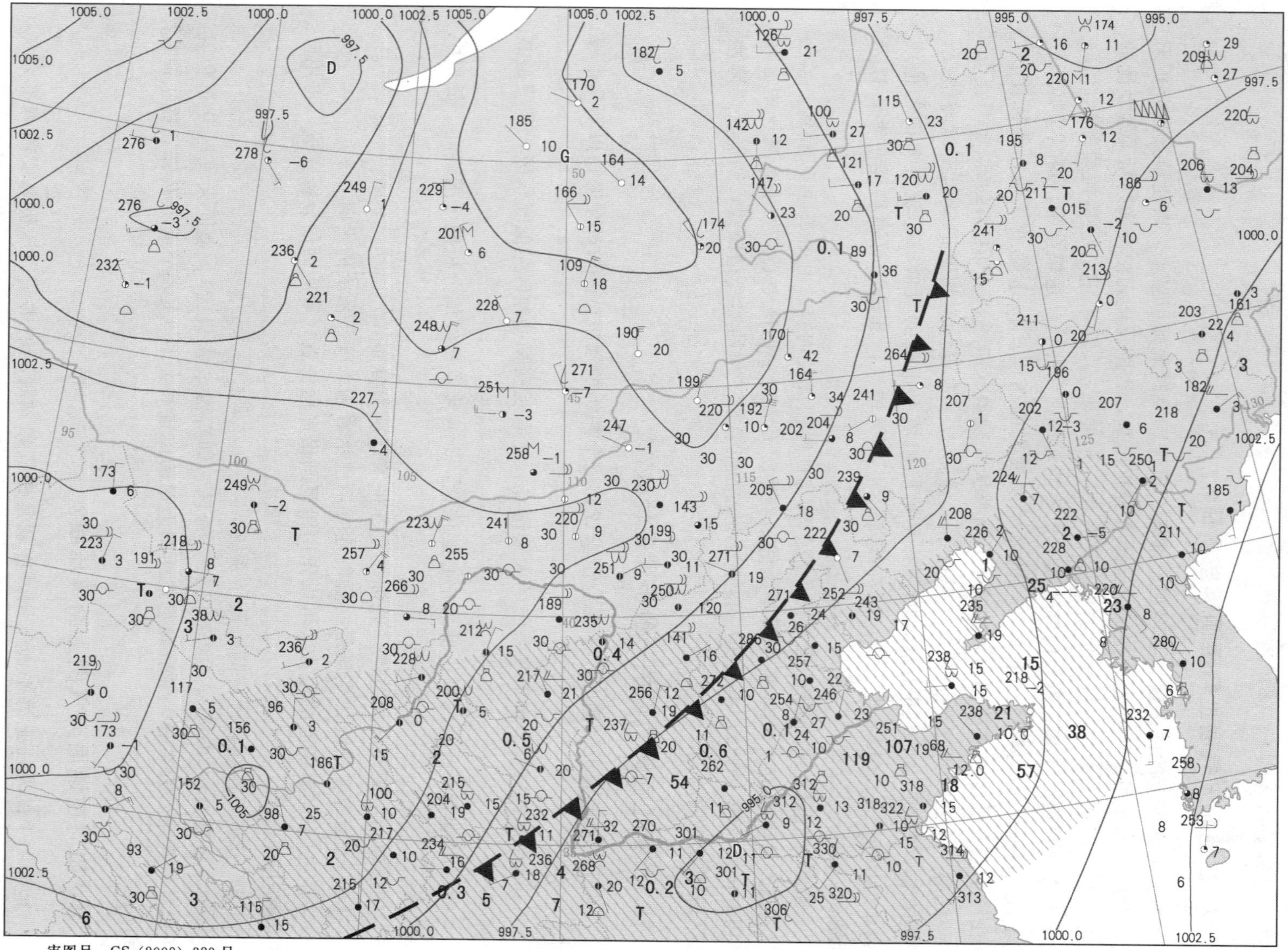

审图号：GS（2009）389 号

图 25　地面天气图示意图

地面图上最重要的分析内容就是等压线分析，这就相当于分析地面气压场的分布。等压线的分析，除了要遵循等值线的分析原则外，还要注意下面的几个问题。

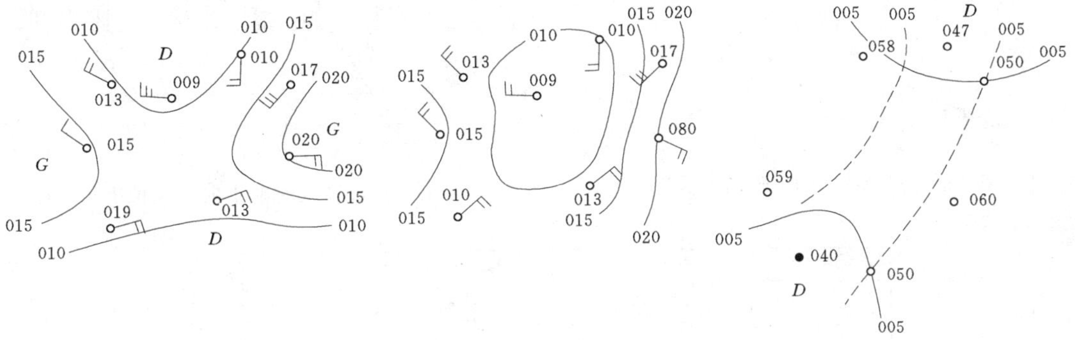

图 26　等压线正确与错误的画法（乔全明等，1990 年）
(a) 鞍形场正确的画法；(b) 鞍形场错误的画法；(c) 数值相等的等压线平行过长导致鞍形场没有画出来

(1) 分析等压线要注意与风场的配合。等压线要与大范围的有代表性的风向基本平行，风向与等压线的交角，视地面摩擦力的大小而定，在海上，交角可达 15°左右，在陆地平原地区一般在 30°左右。同时还要注意到，北半球低压区风是呈逆时针旋转并向内吹，而高压区是顺时针旋转并向外吹。在邻近的两个测站如果出现风向对头吹，此时不是出现闭合高、低压中心，就是鞍形气压场［图 26 (a)］，如果像图 26 (b) 就是不考虑风场记录，把鞍形场分析成了低压。这是错误的画法。一旦遇到鞍形场，应当分析两根数值相等的等压线，例如图 26 (a) 中的 015（也就是 1015.0）线。但是两根等压线不能靠得太近，以免切变过大，同时，也不能过长，使鞍形场不明显。而图 26 (c) 中的虚线就是两根数值相等的等压线平行过长，切变过大，使得鞍形场很不明显。这也是错误的画法，应当避免。

(2) 当等压线过山区、高原地区或在小尺度天气扰动的地方，等压线与实际风向常常交角偏大，甚至出现违反风压定律的现象，此时，可不考虑等压线与风向的交角，只需按等值线插值画法，画好等压线即可。

(3) 等压线穿过锋面时一定要有折角，且折角指向高压区（图 27）。这是因为锋的特殊结构造成的。锋的上面是暖气团，空气密度小，因而等压线相对稀疏，而锋的下方是冷气团，空气密度大，因而等压线应当是密集一些。当画等值线，等值线进入冷气团区时，等压线必定变得密集，而穿过暖气团时，等压线要稀疏，如图 28 所示，在暖气团区，等压线为平行直线，在冷气团中，等压线发生偏移，由平行直线变为虚线所示的走向，于是在锋线上，等压线出现折角，折角指向了高压一侧。

(4) 在平原地区等压线一般是平滑的，但是在山区，由于迎风坡上冷空气非常强，且大量堆积导致气压偏高，而背风坡空气辐散，气压偏低，因此在山区形成气压梯度很大，等压线变得非常密集。为了表示这种密集现象是由于地形导致的，于是将这里的等压线用特定的方式表示，并称其为地形等压线。这种线型就是波状线，如图 29 所示。另外，地

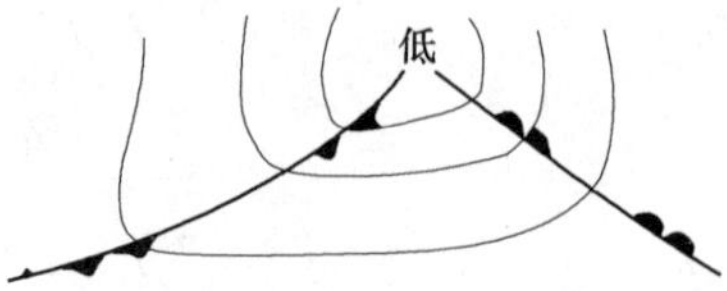

图 27　等压线穿过锋线时的正确画法示意图

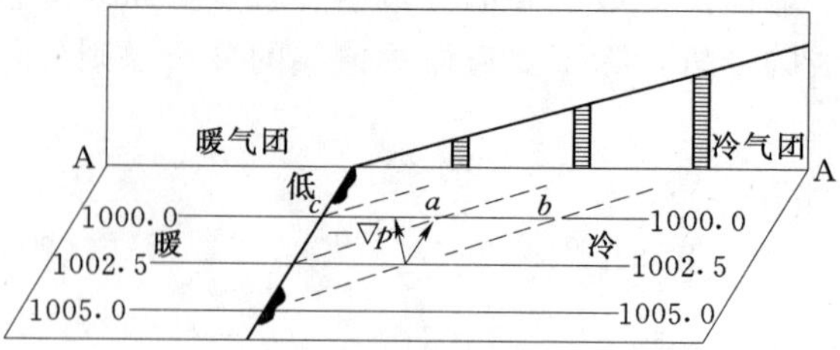

图 28　等压线穿过锋线时的走向发生偏折示意图

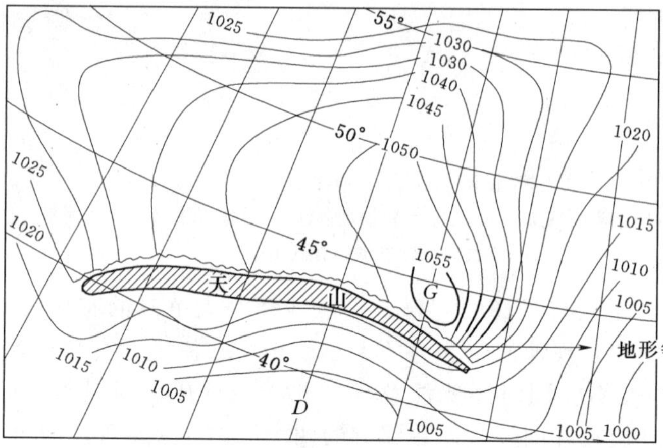

图 29　天山附近地形等压线画法示意图

形等压线要与山脉平行，如图 29 中的地形等压线是平行于天山山脉的走向。

10. 画天气图时，原则性的错误指的是什么？

天气图中的主要内容是各种等值线，有等高线、等温线、等压线、等变压线等，同时还涉及高低压中心、槽线和切变线等。

处理如此多的信息时很容易出错，那么什么样的错误是原则性的呢？

（1）地面图上最容易犯的错误：①等压线出现相交、分支或在图中中断；②漏画某一条等压线；③漏画锋面，尤其是冷锋和静止锋。

（2）高空图上最容易犯的错误：①等压线出现相交、分支或在图中中断；②漏画等高线或等温线；③漏画槽线或切变线。

11. 降雨区的画法是什么？

不同天气现象要用不同颜色的铅笔画出，而降水只是天气现象中的一种。降水区是指至少有 3 个相邻气象站出现降水，画图之前要观察地面图上所填写的记录，了解天气区的大致分布，然后用绿色铅笔勾画出降水区范围，出现连续性降水时要在降水区轻轻地涂上绿色阴影，出现间歇性降水时，要在降水区内画绿色斜线，对于雪、雷暴、阵雨等特殊性质的降水，在区域内要加注几个相应的填图符号，而且画图的颜色也与降水区不同，雷暴要用红色笔画出相应的符号，大风和沙尘暴要用棕色笔，而雾要用黄色笔。不同类型的天气现象有不同的天气符号，表 27 给出了成片状或零星状的降水区及其他天气现象的画法示意图。

12. 变压的含义是什么？气压倾向的含义是什么？如何画地面天气图上等变压线？

变压这一名词实际上应为气压变量，是现在气压与过去气压的变化量。气压有 3h 变化，用 ΔP_3 表示；也有 24h 变化，用 ΔP_{24} 表示。它们都表示了现在气压与过去气压的差异，由此可以看出本站气压现在与过去相比是下降了，还是上升了。气压下降，即 $\Delta P_3<0$，或 $\Delta P_{24}<0$，表明有低气压移到本地，使得本地气压下降；气压升高，即 $\Delta P_3>0$，或 $\Delta P_{24}>0$，表明有高气压移到本地，使得本地气压上升。观察气压变化，也可以了解未来天气系统的变化，对做出准确的天气预报极有好处。

气压倾向（见第二部分第 11 题）是气象站从气压自记曲线上读取的，气压倾向指的是观测前 3h 至观测当时的气压自记曲线的变化形式，用图形表示其变化特征。表 28 对各种气压倾向的电码、含义、图形给予了解释和说明。

画地面 3h 变压等值线的要求是：①用黑色铅笔画虚线（细点线）；②等变压线的间隔为 1hPa，变压梯度较大时可间隔 2hPa；③零变压线可以不画，但是变压值小于 1hPa 时，要画出零变压线；④加压中心用蓝色铅笔，减压中心用红色铅笔标出最大变压数值，要求保留小数点后 1 位，其形式如图 30（a）所示；⑤在闭合等值线的正北方和非闭合线的两端标注等变压线的数值，正、负变压要分别写上正号或负号。

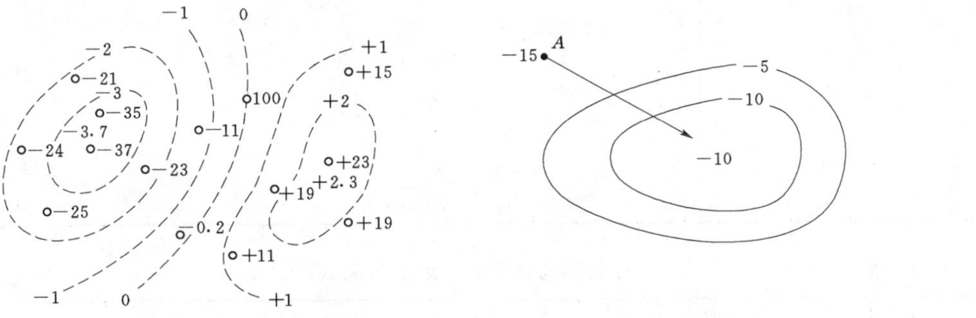

图 30　等变压线画法示意图（天气预报业务手册 P77）

（a）3h 等变压线；（b）24h 变压中心路径

对于特殊天气过程，如台风天气出现时，还会增画一些辅助图和辅助等值线，24h 等变压线就属于此类。24h 变压线遵循的原则与画 3h 变压线相似，不同之处在于：①正值使用蓝色铅笔，负值用红色铅笔，零值线用黑色铅笔，并且均画成实线，并用黑色铅笔标注出等变压线的数值；②等变压线的间隔为 5hPa，过于稀疏时可间隔 2.5hPa，但同一张图上所取的间隔要保持一致；③正变压中心强度用蓝色铅笔标注，负变压中心强度用红色铅笔标注，中心强度的数值均以实际最大变压值标注，如果用图解法作变压图，中心强度以最里面一条等变压线的数值代替标注，其形式如图 30（b）所示；④用同色铅笔把过去 24h 和当时的变压中心用箭头连接，箭头指在当时的变压中心位置，箭头的起点 A 为过去 24h 的变压中心位置，数值－15 是过去变压的中心强度。

表 27　　　　主要天气区的表示方法（实用气象手册 P213）

天气现象	成片的天气区	零星的天气区	颜色说明
连续性降水	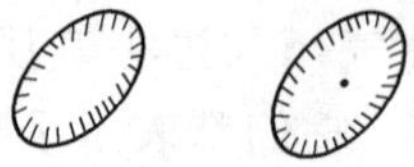	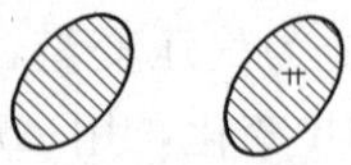	绿色
间歇性降水	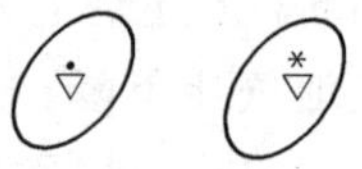		绿色
阵性降水	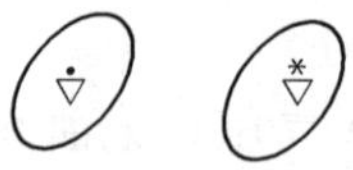		绿色
雷暴			红色
雾			黄色
沙（尘）暴			棕色
吹雪	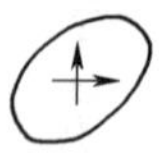		绿色
大风			棕色

表 28　　　　气压倾向说明表（地面气象观测 P124）

电码	气压倾向说明	倾向形式及说明
0	升后降	 观测时本站气压较 3h 前升高或无变化
1	升后平	
2	稳定上升	
3	降后升	
4	稳定或不稳	
5	降后升	
6	降后平	 观测时本站气压较 3h 前降低枵无变化
7	稳定下降	 观测时本站气压低于 3h 前
8	升后降	

13. 如何确定地面冷锋、暖锋和静止锋的位置?

由于冷暖气团的物理属性完全不同，所以当冷气团和暖气团相遇时，其间必有一个交汇区（过渡区），在这个过渡内，不仅它们的温度、风向风速、气压（包括变压）变化显著，而且云、雨和大风等天气也会出现在其间，人们将这个过渡区定义为锋（或锋面），因此锋两侧（或称为前后）的气象要素是不连续的，根据这种特征就可以准确判断锋的位置。

锋存在几种形式，一是冷锋，二是暖锋，三是静止锋，四是锢囚锋。无论哪一种锋，它们的两侧气象要素的变化都有一定的规律，其变化特征如下：

（1）温度。锋面最重要特征就是锋面两侧的冷暖气团温度不连续。冷气团中气温很低，暖气团中气温较高，所以锋面前后（或称为锋两侧）温度变化很大。

（2）露点。一般讲，暖空气潮湿，露点温度高，冷气团干燥，露点温度低，所以锋两侧的露点差异也很明显，用它确定锋面位置也很有用。

（3）气压。由于锋两侧的温度不同，导致空气密度也不同，冷气团中空气密度大，气压偏高；暖气团中空气密度小，气压偏低。因此，冷空气中的气压梯度大于暖空气一侧。

（4）风。锋是处于低压槽的气流辐合区内，因此风的水平气旋式切变成为分析锋的一个重要依据。一般锋就在风的气旋式切变最大处。

（5）变压。锋面附近的3h变压有很明显的不连续现象，冷锋后有强的冷平流，造成加压，有明显的正变压区出现；暖锋前有暖平流，造成减压，有明显的负变压。因此，变压也是判断锋面位置的重要依据。

（6）云和降水。有规则的大范围云系和降水都与锋相联系。观测云系分布特点，同时结合其他气象要素的分布，就能准确判断锋的位置。

下面我们就冷锋、暖锋、静止锋等几种锋的特点详细分析，并给出它们的判断依据。

（1）如果锋在移动过程中，冷气团起主导作用，推动锋面向暖气团一侧移动，这种锋面被称为冷锋，如图31（a）所示，图中箭头为锋的移动方向。确定冷锋位置就是根据上面谈到的锋附近的气象要素的变化特征而进行，可依据下面的步骤进行：

1）分析地面图上哪里温度差异最大，温差大的地方出现冷锋的可能性很大，如图31（a）所示。

2）分析气压的变化，在冷气团内空气密度大，气压高，所以冷锋前后3h变压的梯度很大，冷锋后有正的3h变压，而锋前的暖气团内密度较小，冷锋前3h变压为负，如图31（b）所示。所以，分析3h变压，找出哪里是正负变压的分界线（即“0”变压线），哪里就可能是冷锋的位置。

3）分析风场的气旋性切变特征，而且锋前风速一般较锋后大，冷锋后通常有西北风或北风，而冷锋前通常是西南风或南风，如图31（c）所示，形成的原因本章第9题已经解释清楚（图28），因此利用风向的变化特征也可以确定锋面位置，也就是找出哪里风向发生明显顺时针切变的地方，哪里可能就是锋面位置。

4）分析冷锋附近的天气。降雨区主要分布在冷锋的前后，找出主要的天气区，再分析其他气象要素的特点，就很容易确定冷锋的位置了。

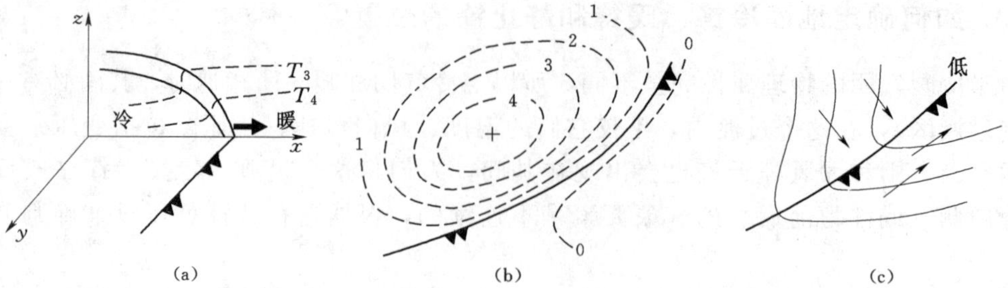

图 31　冷锋的结构及气象要素分布

(a) 冷锋示意图；(b) 冷锋附近的 3h 变压分布；(c) 冷锋附近的风场分布

5）分析冷锋前后露点温度。冷锋前露点温度高，冷锋后露点温度低。将上述特征提炼出来，结合在一起综合分析，便可很容易地确定地面冷锋的位置了。有时仅凭 2～3 个特征便可将锋的位置确定下来。

（2）暖锋是指移动过程中，暖气团起主导作用，推动锋面向冷气团一侧移动的锋面，如图 32（a）所示。确定暖锋的位置的方法与冷锋是接近的，也是要根据锋前后气象要素的变化特征来确定。暖锋前后的气象要素主要有如下几种特征：①暖锋后气温很高，而暖锋前气温较低；②暖锋前有暖平流故地面减压，暖平流越强，地面降压越多，因此暖锋前 3h 变压为负，暖锋后有冷平流故地面加压，冷平流越强，地面加压越多，因此暖锋后 3h 变压为正，如图 32（b）所示；③暖锋前后风向的变化也很大，暖锋后通常有西南风或南风，而暖锋前通常是东南风，如图 32（c）所示；④暖锋天气主要出现在暖锋前。根据这些特征，便不难正确画出暖锋位置了。

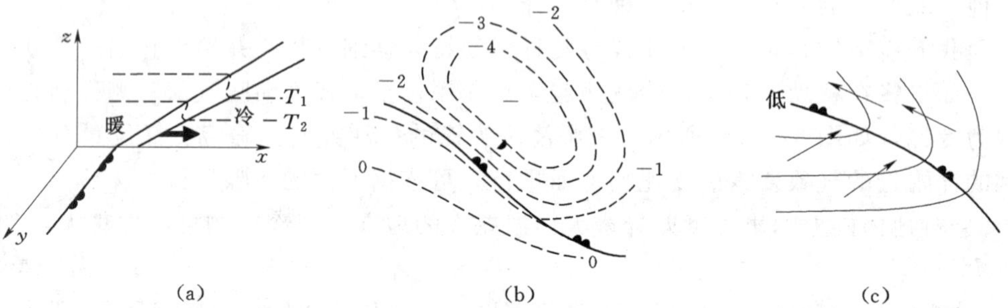

图 32　暖锋的结构及气象要素分布

(a) 暖锋示意图；(b) 暖锋附近的 3h 变压分布；(c) 暖锋附近的风场分布

（3）静止锋是势力相当的冷、暖气团相遇而产生的，所以冷、暖气团经常互相斗争，有时冷气团占主导地位，有时暖气团占主导地位，使锋面来回摆动，或移动缓慢，如图 33（a）所示。静止锋附近的气温相差不明显；静止锋附近由于温度平流很弱，故由于密度平流引起的变压也不明显；静止锋前后的风向变化较大，一般表现为北侧以偏北风（西北风、北风或东北风）为主，而南侧为偏南风（西南风、南风或东南风）为主，如图 33（b）所示；静止锋的天气一般出现在锋面附近，与静止锋的长度相当。因此判断静止锋的位置便不能利用气温变化、变压特征来确定，只能利用风向切变特征和天气变化特征来判断，也就是说，静止锋前后风向通常都有很大变化，有时风向相差 180°；静止锋附近的天气往往出现在冷气团一侧，这是因为暖气团中的水汽要爬升到冷气团中才会凝结成云；有时暖气团中湿度非常大，此时天气就会出现在静止锋线上。利用这些特征，就可以判断出静止锋的确切位置了。

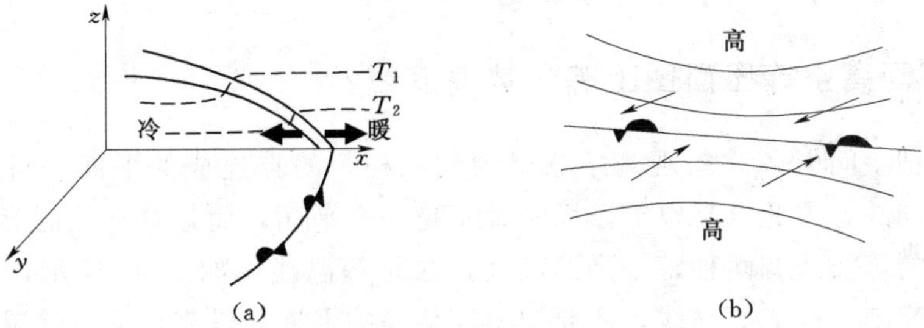

图 33　静止锋的结构及气象要素分布

(a) 静止锋示意图；(b) 静止锋附近的风场分布

14. 高空图上每一组数据的含义是什么？

在高空图上你最初看到的是一组数据，其形式如图 34（a）所示，每组数据提供给人们的信息是：

HHH：那一层等压面上的位势高度，单位为位势什米，以 gpm 表示；

TT：那一层等压面上的气温，单位为摄氏度，以℃表示；

DD：那一层等压面上的温度与露点温度的差值（即温度露点差），单位为摄氏度，以℃表示；

dd fff：那一层等压面上的风向和风速，其表示形式与地面图上是一致的。

在图 34（b）中给出了一个具体的例子，由这组数据可以看到，某一测站的位势高度是 572gpm，该点高度上的气温是－18℃，温度露点差是 17℃。由此断定这组数据是 500hPa 的数据（该测站位势高度是 572，即 5720 位势米，而 500hPa 等压面上的平均高度是 5500m，与此数据接近），该高度上的露点温度（即水汽达到凝结的温度）是－35℃。

明白了高空等压面图的填图形式及意义，便可分析各种等值线了。

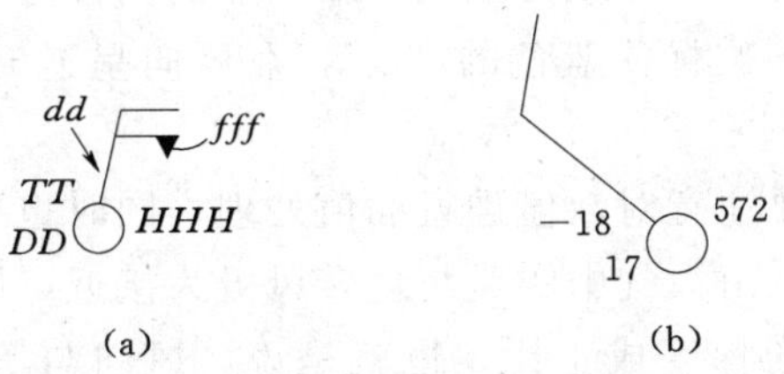

图 34　高空等压面图填图格式

(a) 高空等压面图填图格式；(b) 高空等压面图上填图实例

15. 高空图上必须画哪些内容？

在高空等压面图上必须分析的项目有以下几个：一是等高线；二是等温线；三是槽线

和切变线。

等高线和等温线属于等值线范畴，其画法根据画等值线的原则进行，而槽线（见本部分第19题）和切变线（见本部分第20题）有特定的含义，要遵照规定和要求画出。图35就是一张500hPa等压面图。图中蓝色实线是等高线，红色实线是等温线，棕色短线是槽线，红色的 L 是低压中心，黑色的 H 是高压中心。

16. 如何画高空等压面图上等位势高度线?

等压面是把空间上各气象观测站测得的气压相等的点连成的平面，而这些点的（位势）高度是不同的，因此，高空等压面图并不是一个平面，而是具有几何形状的。在等压面上需要画出的等值线有两种，一是等高线，二是等温线。如图35所示，要把位势高度相等的点连接起来，构成等高线，还要把温度相等的点连接进来，形成等温线。画等高线的技术规定有如下几个：

（1）用黑色铅笔（最好用2B标号的铅笔，计算机用蓝色线条标示等高线则另当别论，如图35所示）画等高线，等高线每隔4gpm画一条线，所分析的数值要能被4整除，而且是规定的数值，例如：

850hPa等压面上必须分析的数值是144，148，152等线条；

700hPa等压面上必须分析的数值是296，300，304等线条；

500hPa等压面上必须分析的数值是500，504，508等线条。

等高线不能任意选择数值，即使它们也相隔4个位势什米也不行。例如，某人在500hPa等压面上，画出的等值线是502、506、510、…，这是错误的。也就是说，必须按照不同等压面上规定的等值线数值的画等值线才符合要求。

（2）等高线要一直画到图边上，如果图边上缺少数据，要使等高线截止在经纬线上（图的南北两边要截止在纬线上，东西两边截止在经线上），并在等高线两侧标注该等高线的数值。当出现闭合等高线时，该等高线的标注要在闭合圈的顶端，也就是闭合圈的正北方，所标注的数字要与纬线平行。

（3）闭合的高位势中心要标注蓝色的“G”，闭合的低位势中心要标注红色的“D”。有时即使没有闭合圈，但是那一区域的数值是很明显的高位势区或低位势区，此时也要在风向呈顺时针旋转的中心部位标注蓝色的“G”，在风向呈逆时针旋转的中心部位标注红色的“D”。

（4）等高线的分析既要注意对数值进行插值处理，同时也要兼顾高空风的记录。对于大尺度的系统运动而言，自由大气中的风与地转风极为接近，因此，风向大体上应当与等高线平行，风速与等高线的梯度成正比，也就是说，风向与等高线的交角不能太大，而且，风速大的地方等高线密集，风速小的地方等高线略为稀疏。

等压面图的分析比地面图简单得多，不仅分析的项目少，而且环流形势也更有规律。700hPa及其以上高度的等压面图，除低纬度地区外，总的形势均为环绕极地运动的西风气流，因此等高线沿纬圈分布，并且呈现为带有槽脊起伏的波状形势，北部多为低压区，南部多为高压区。图36就是常见的几种等高线型，可供参考。

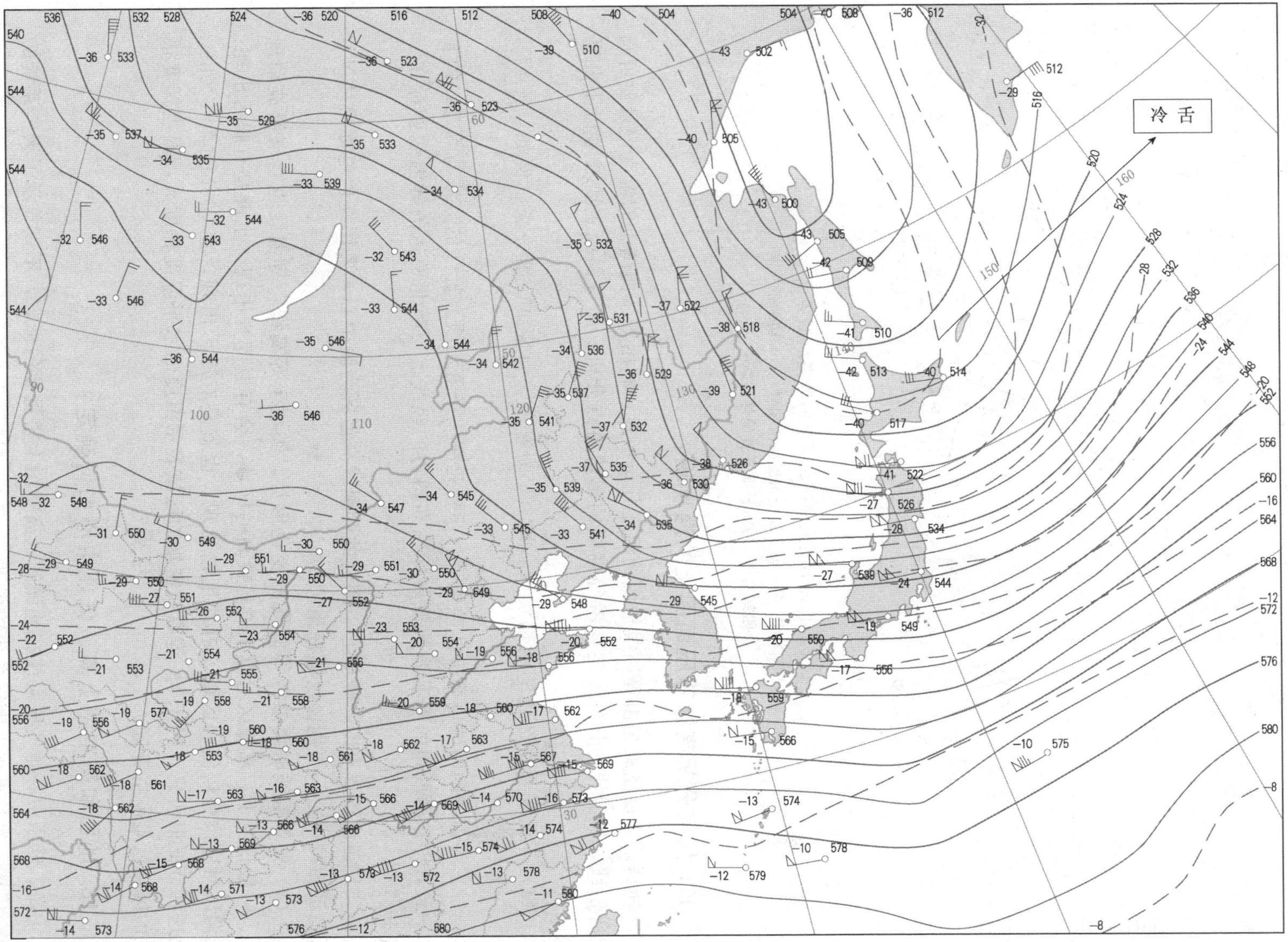

审图号：GS（2009）389 号

图 35　500hPa 等压面图示意图

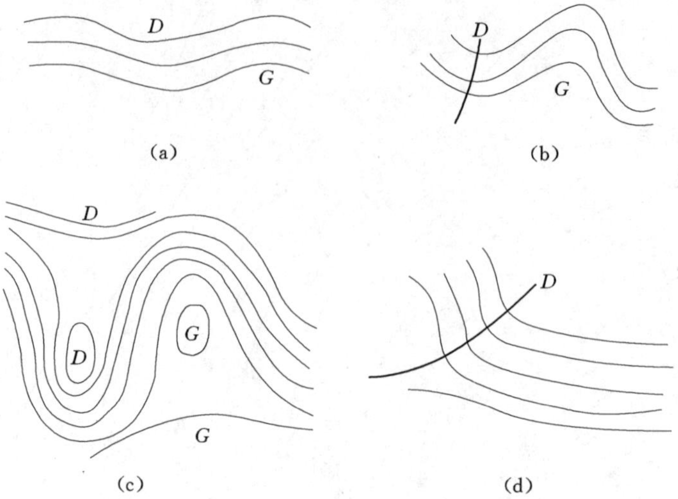

图 36　几种类型的等压面图上的等高线形势

(a) 波状等高线；(b) 等高线中出现的槽和脊；(c) 切断低压和阻塞高压；(d) 槽前平直的等高线

17. 如何分析高空等压面图上的温度场？

所谓的温度场就是由等温线构成的温度分布形式，利用等压面图上的温度记录便可画出等温线。等温线的分析一定参考等高线的形势特点分析。画等温线主要参考以下几条原则。

(1) 等温线要用红色笔画细实线，以 0℃为基准，每隔 4℃画一条，例如，－4℃，0℃，4℃，8℃，…。

(2) 等温线的两端也要标注数值，以示这是哪一条等温线。标注的方法与等高线的要求一致，即东西两边的等温线数值要标注在图边的经线上，南北两边的等温线要标在纬线上。

(3) 温度场要有冷、暖中心，闭合的等温线高值区为暖中心，要用红色笔标出“*N*”，低值区为冷中心，要用蓝色笔标出“*L*”。

(4) 画等温线时要参考等高线的变化形势。类似于等高线，等温线也有槽脊波动现象。一般情况下，高温区对应于位势较高的区域，会有温度脊出现，也就是有暖舌出现；低温区对应位势较低的区域，有温度槽出现，也就是有冷舌出现，在 700hPa 和 500hPa 上这种特征很明显（图 35）。等温线密集的区域表示温度的水平温度梯度大，温度梯度很大的区域就是高空锋区。

18. 地面和高空图上高、低压中心如何确定？

高、低压中心是气压系统在地面图或高空图上很重要的标志，不仅显示了天气系统的中心位置，而且表示了天气系统的强度。

一般情况下，低压中心就是气旋环流（或称为逆时针旋转）的中心，高压中心就是反气旋式环流（或称为顺时针旋转）的中心。例如，图 37（a）是出现东北低压的地面图，地面风向呈逆时针旋转，根据等压线（或等高线）的分布，在闭合等压线（或等高线）的中心部位，定为低压中心。对于图 37（b），有 2 个高压中心，高压中心四周的风向为顺时针旋转。高压中心的确定方式与低压中心一样，都是在闭合等压线（或等高线）里面一圈的中心部位定为高压中心。

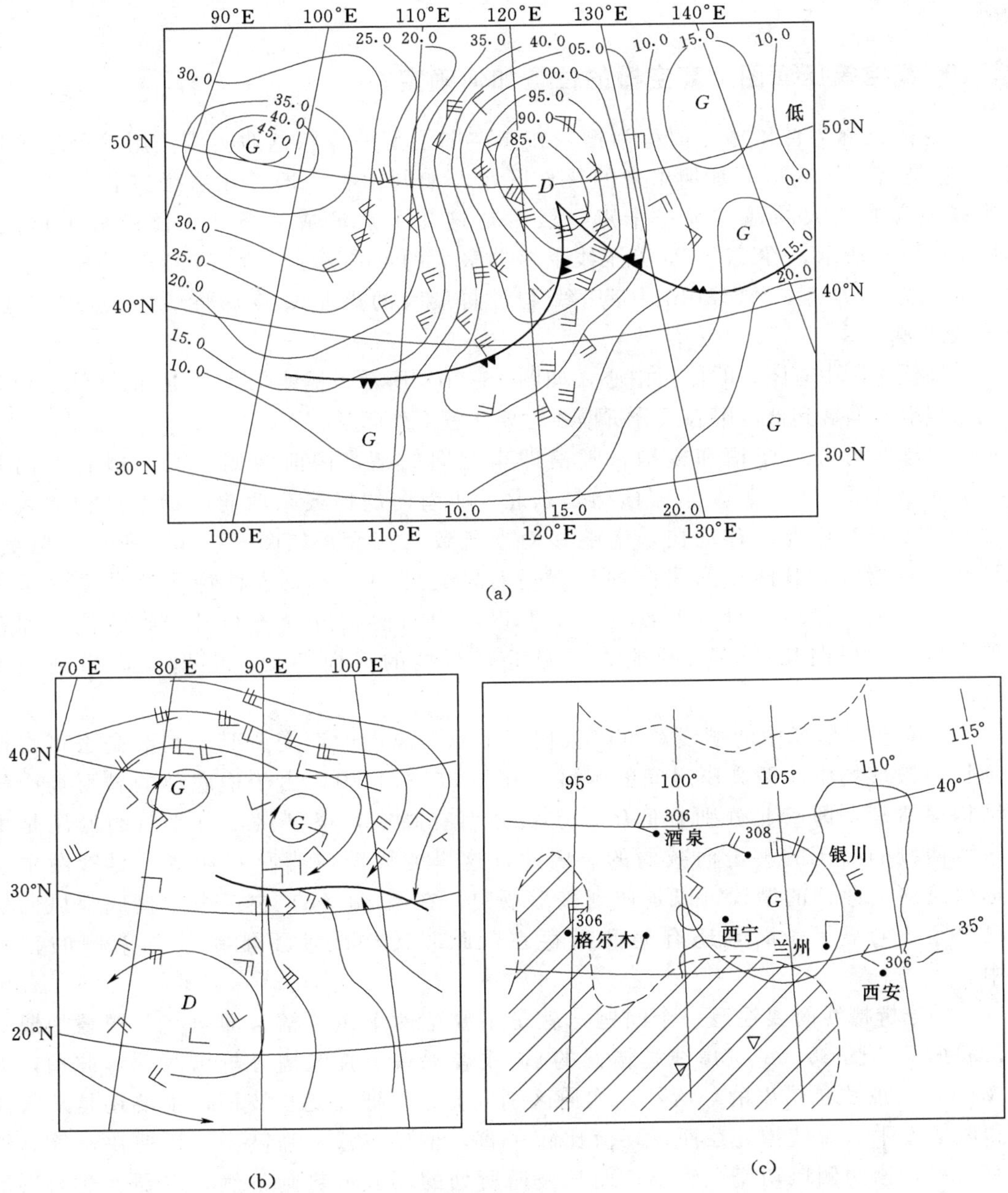

图 37　高、低压中心的确定（彭安仁等，1981 年）

（a）东北低压中心的位置；（b）西部小高压的位置；（c）700hPa 地形小高压

有时地面图或高空图上并未出现闭合等压线或等高线，但是，若能观察到在某一地方存在明显的逆时针旋转或顺时针旋转的环流，如图 37（c）所示，河套西部的等高线数值并未达到画出 308gpm 的闭合等高线的数值，但是可以看到风场的顺时针环流非常清楚，因此，在这个区域也要画一个闭合高压，并在顺时针的环流中心标注高压中心 *G*。同理，对于低压区内，如果不存在可以画出闭合低压圈的数值，但是风场明显呈逆时针环流，此时，也要在这个逆时针环流中心位置标注低压中心 *D*。这种情况经常出现在静止锋的南北两侧。

19. 高空等压面图上高空槽的位置如何确定？

高空槽也称为低压槽，简称为槽，在高空图上是一条棕色的实线（用棕色笔画槽线），它是低气压区里面延伸出来的狭长区域，如同山谷一般，在这个狭长区域中每条等高线弯曲最大的地方画一个点，然后把这几个点连成一条线，便形成了槽线。如图 38（a）所示，在 572hPa 等压线上弯曲最大的点是 *A* 点，在 576hPa 等压线上弯曲最大的点是 *B* 点，在 580hPa 等压线上弯曲最大的点是 *C* 点，将 *ABC* 连成一线，便形成了槽线。

如果低压区中有闭合的低压中心，如图 38（b）所示，槽线仍为 *ABC* 的连线，但是槽线的顶端要伸展到低压中心。分析槽线时要注意下列问题。

（1）槽线可分为竖槽和横槽。竖槽即南北向的槽，槽前为偏南风，槽后为偏北风，其形式如图 38（a）所示。横槽是东北—西南向的槽或东西向的槽，这种槽大多是由于移动过程中北端移动快，南端移动慢所致，其形式如图 38（b）所示。但是，无论哪一种槽线，其两侧的风向均呈现逆时针旋转的特征，这种特征就是天气学中所说的，槽的两侧风向呈气旋性切变。所以，判断槽线位置还有另一种方法，即在低气压区寻找风向切变最大的地方，哪里有明显的风向切变，哪里就应当画一条槽线。

（2）位于鞍形场中的槽线，可以根据周围测站风向的切变情况来判断是否可将槽线延长到鞍形场中的两高压之间的区域。在图 38（c）中，由于槽底部的鞍形场中气压结构很清楚，即南北分别有低压，东西分别有高压，很显然，南北向的低压是由于东西两侧的高压的夹击而减弱的，因此，这里的风向应当存在切变，尽管图中没有标出风向，此处的槽线可以延伸到鞍形场中。在图 38（d）中，由于槽底部风向切变已经很不明显了，而且还有偏西风存在，此时的槽线便不能延伸到南侧的鞍形场中。

（3）分析槽线时要注意一个问题，就是不要把两个短波槽，即南、北槽叠加成一个长波槽。如图 38（e）（虚线是错误的），或者把一个长波槽分析出两个短波槽，如图 38（f）（虚线是错误的）所示。如何区别究竟是短波还是长波槽，主要还是从气压场和风场着手。短波槽处在西风环流比较平直，槽比较浅，强度小，移速快，等高线曲率较小，槽两侧风切变也较小；而长波槽所处的环流形势则不然，主要表现为环流形势呈经向发展，槽比较深，强度比较大，槽移速慢，等高线曲率大，槽两侧风切变也较大。

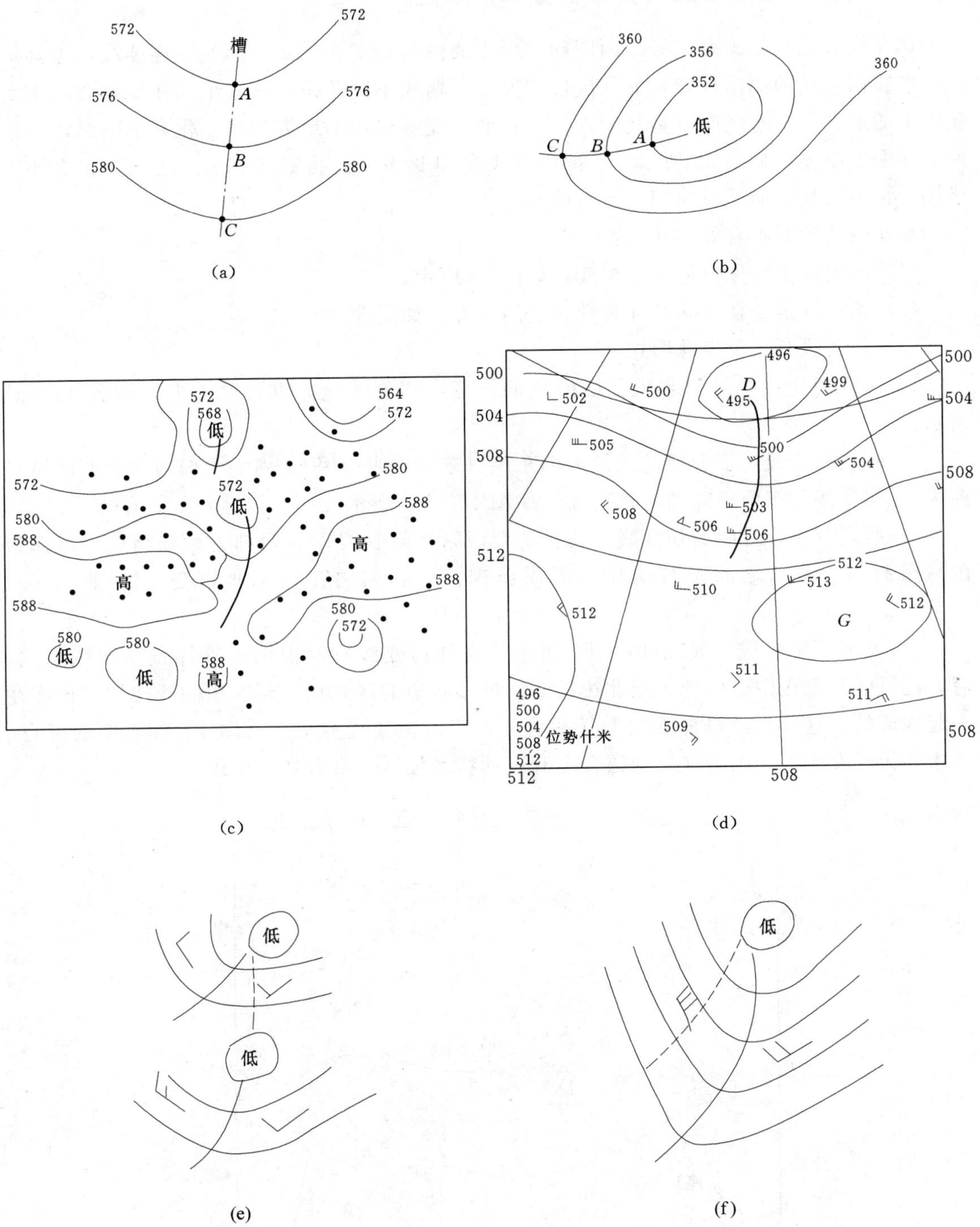

图 38 高空槽线的画法

(a) 没有闭合中心时的槽线（竖槽）；(b) 有闭合中心的槽线（横槽）；(c) 穿过鞍形气压场的槽线（朱乾根等，2000 年）；(d) 不能穿过鞍形气压场的槽线；(e) 两个短波槽（成秋影，1992 年）；(f) 长波槽（成秋影，1992 年）

20. 高空等压面图上切变线位置如何确定？

切变线分析也是画高空等压面图的一项重要内容。切变线是风向的不连续线，也就是说风向在切变线两侧出现较强的气旋性切变。与槽线不同的是，槽线出现在等高线曲率变化很大的地方，同时风向也呈气旋性切变；而切变线出现的地方气压变化并不明显，但是风向切变很明显，如图 39 所示，该图中有 1 条切变线，其北侧有一小高压，除此之外气压场变化不明显，但是风向切变非常明显。

画切变线的原则有如下几点：

（1）切变线要用棕色笔画一短线，如图 39 所示。

（2）切变线出现在风向有气旋性切变的地方，如图 39 所示。

（3）切变线有几种表现形式：

1）冷式切变线，是偏北风和西南风的切变，切变线呈东北—西南向，如图 40（a）所示。

2）暖式切变线，切变线的北侧为偏东风（东风或东南风），南侧为偏西风（西南风或西风），切变线呈东西向或西北东南向，如图 40（b）所示。

3）两高（压）之间的切变线，这种切变线常出现在夏季，西部为大陆高压，东部为副热带高压，两高之间没有明显的低压出现，只有风向存在明显切变，如图 40（c）所示。

4）人字形切变线，如图 40（d）所示，这种切变线有时由两条冷锋式切变线组成，有时还可能是低压中心区中，把北边的短波槽和西边的冷式切变及东边的暖式切变相连在一起构成的。这是一种很重要的天气系统。人字形切变线的交点［图 40（d）中的黑点］是重要天气发生区，因为这里的辐合上升运动特别强烈，常有暴雨出现。

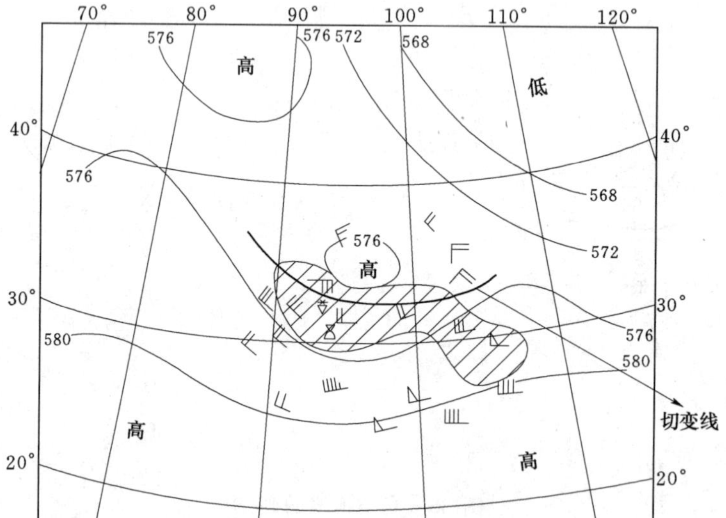

图 39　1972 年 4 月 27 日 8 时 500hPa 上的切变线

（彭安仁等，1981 年）

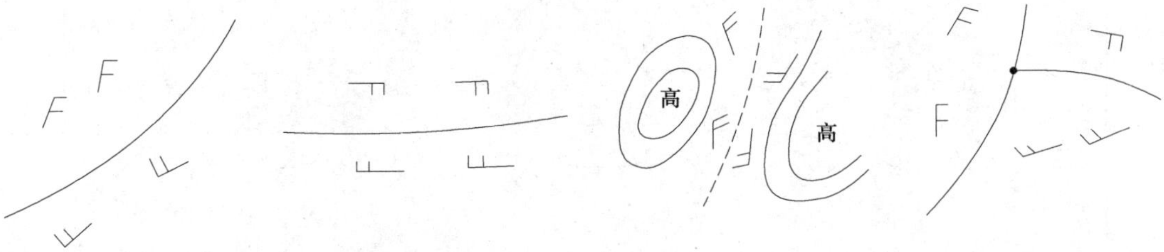

(a)　(b)　(c)　(d)

图 40　切变线示意图（成秋影，1981 年）

(a) 冷式切变线；(b) 暖式切变线；(c) 两高之间的切变线；(d) 人字形切变线

21. 切变线和槽线的区别及其应当注意的问题是什么？

切变线与槽线的区别主要体现在两个方面：

（1）槽线是气压场的特征线。分析槽线主要着眼于寻找等压面图中低压区的等高线弯曲曲率最大的地方。由于风场与气压场是相互适应的，槽线两侧风向也有较强的风向气旋性切变。

（2）切变线是风场的特征线。画切变线时应从流场着眼，应当画在风向气旋性切变最明显的地方。有时风向相同，但是风速呈气旋性切变，在这种情况下，不画切变线。但是，如果某地水汽含量非常充沛，甚至可能会产生降水，此时对这个区域应当给予重视。

分析切变线和槽线应当注意的问题是：

1）切变线和槽线都是用棕色铅笔。分析时要注意大片的记录，不要见到两个风向切变或一点点小弯曲就分析为槽线或切变线。

2）明显的槽线和切变线有一定的连续性，可用前后几张天气图对比分析。既不要漏掉主要的槽线和切变线，也不要分析得到处都是槽线或切变线。槽线和切变线出现的地方，都是天气变化很激烈的地方，槽线和切变线应当是等压面图的分析重点之一，因此，要给予相当的重视。

3）另外，人字形切变线是可以有辐合中心（即低压中心）的，这个低压中心将北边的短槽和西边的冷式切变线及东边的暖式切变线连在了一起，这种情况一般是出现在700hPa 以下的高空等压面图上。

图 41 是几张连续的 850hPa 等压面图，这 4 张图中长江以南地区一直有切变线存在，图 41（a）～（c）中均为 2 条切变线，在图 41（d）中 2 条切变线合并为 1 条，表明长江以南地区持续存在较强的辐合区，因此在华南几个地区持续雨雪天气，并形成了 2008 年 1 月暴雪和冻雨天气，造成了严重的经济损失。在这 4 张图的西北部还有一个槽线，该槽不仅很长（南北方向跨越了近 10 个纬度），而且深厚（从低空到高空都存在，700hPa 和 500hPa 图略），且移动缓慢。需要注意的是切变线出现的地方等高线几乎没有变化，而槽线出现的地方都是低压区内伸展出来的狭长的等高线弯曲很大的地方，气压有明显变化，同时，风向也有切变。由于该图没有给出风向，所以不能看出风场切变。通过几个时次的等压面图比较，切变线和槽线的区别是很明显的，根据它们的特征来确定槽线或切变线也是很容易的。

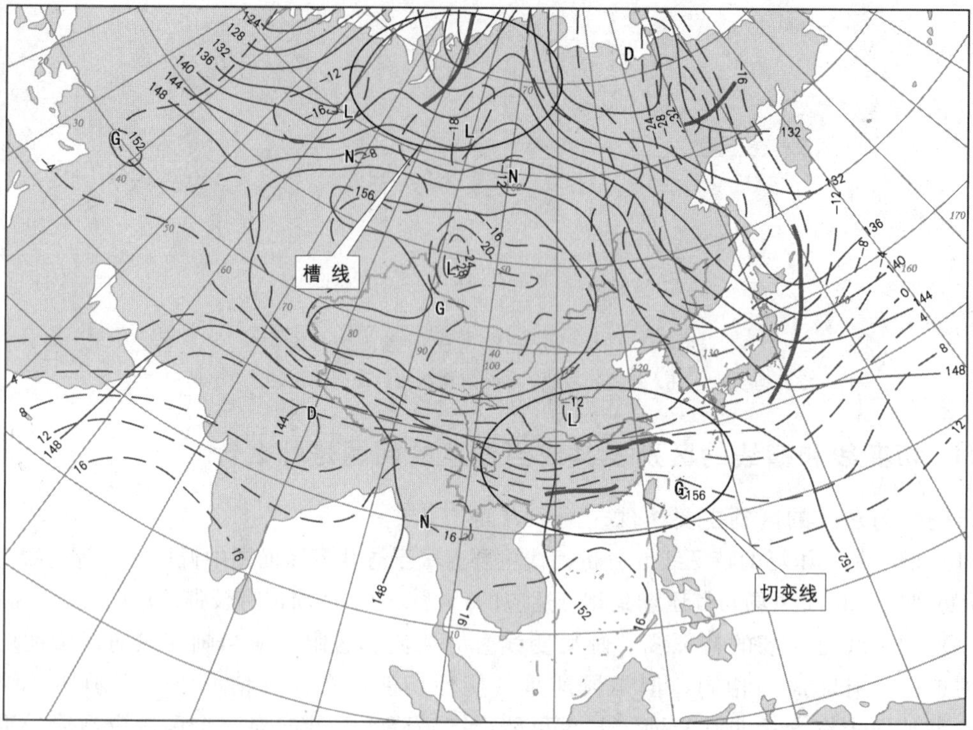

(a)

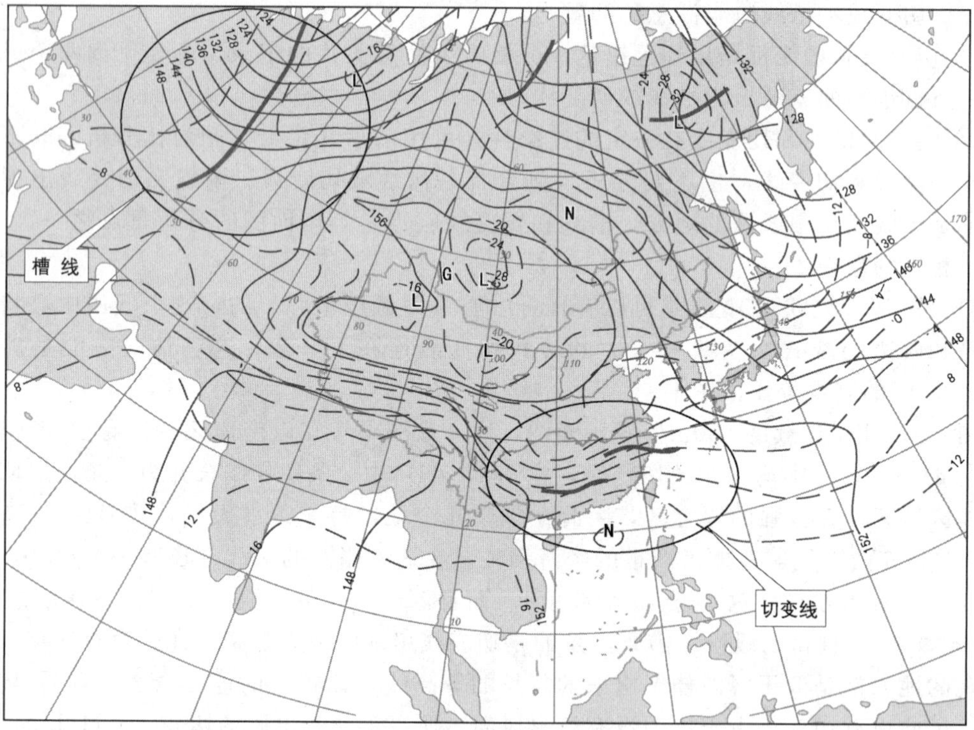

(b)

审图号：GS（2009）389 号

图 41（一）　2008 年 1 月 25～26 日华南切变线实例图

（a）2008 年 1 月 25 日 20 时 850hPa 等压面图；（b）2008 年 1 月 26 日 8 时 850hPa 等压面图

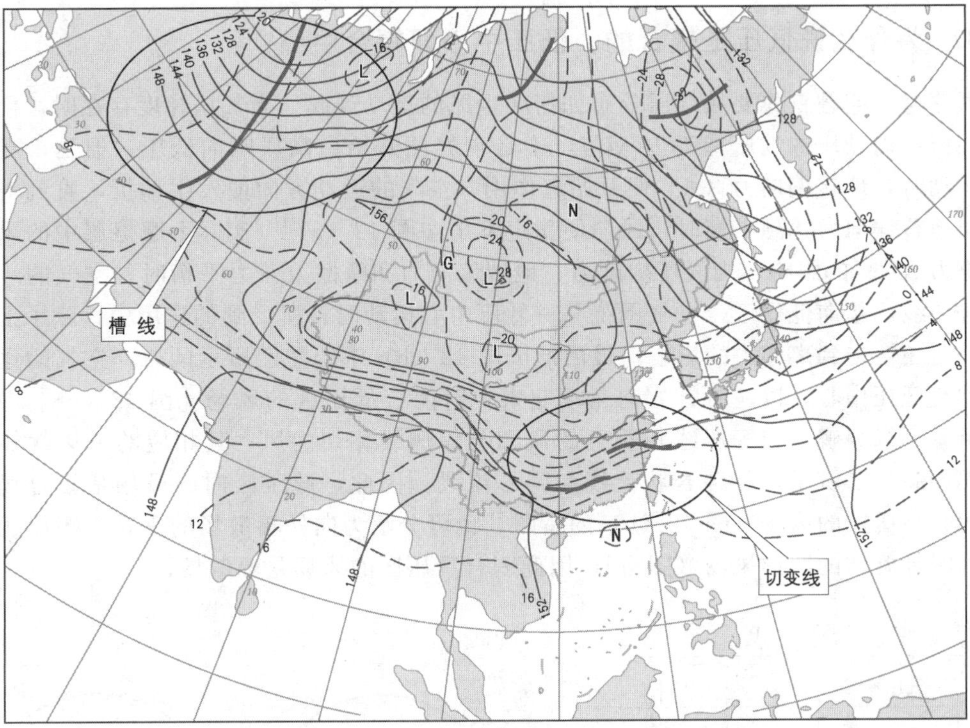

(c)

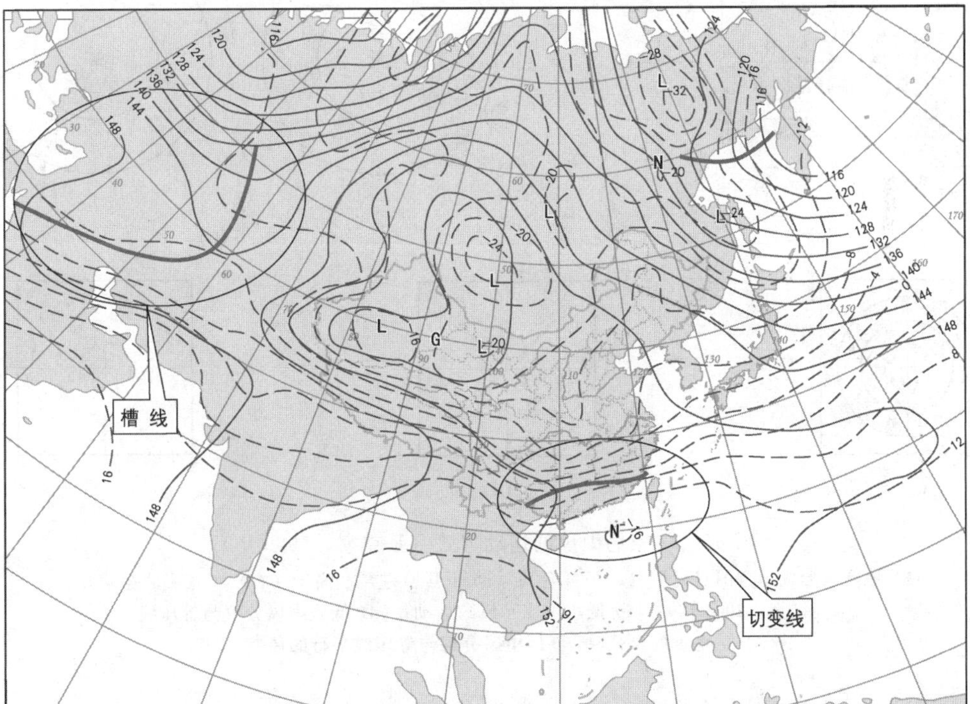

(d)

审图号：GS（2009）389 号

图 41（二） 2008 年 1 月 25～26 日华南切变线实例图

（c）2008 年 1 月 26 日 20 时 850hPa 等压面图；（d）2008 年 1 月 27 日 8 时 850hPa 等压面图

22. 为什么说低压是辐合的，低压中心即辐合中心？

回答这个问题首先要从气压分布如何产生风的运动说起。当气压梯度存在时，便产生了由高压指向低压的气压梯度力（G），于是空气便开始由高压吹向低压，但是，当空气产生运动时，地转偏向力（A）便开始起作用，空气的运动方向便发生偏折，直到气压梯度力与地转偏向力达到平衡时，风向便稳定下来［图 42（a)］。实际上摩擦层中的风还受到摩擦力（R）的影响，当气压梯度力、地转偏向力和摩擦力三力平衡时，空气的运动是斜穿等压线，指向低压区。空气围绕某一低压中心运动时，所受到的作用力，除了上述三个力外，还会受到离心力的影响，最后形成图 42（b）中的左图所示的风，空气的运动方向便围绕低压中心，以逆时针方向运动起来。对闭合低压区的风场［图 42（c)］进行分解，风就可以分解为与等压线相垂直的风和与等压线相切的风，其相应的风场就如同图 42（d）和（e）所示，如辐合状流线和圆形流线。因此，低压区内的风场是辐合场。同理，闭合高压区的风场［图 42（b）的右图］也可分解为向外辐散场的垂直于等压线的风场和顺时针旋转的圆形风场（图略)，因此闭合高压区的风场是辐散场。

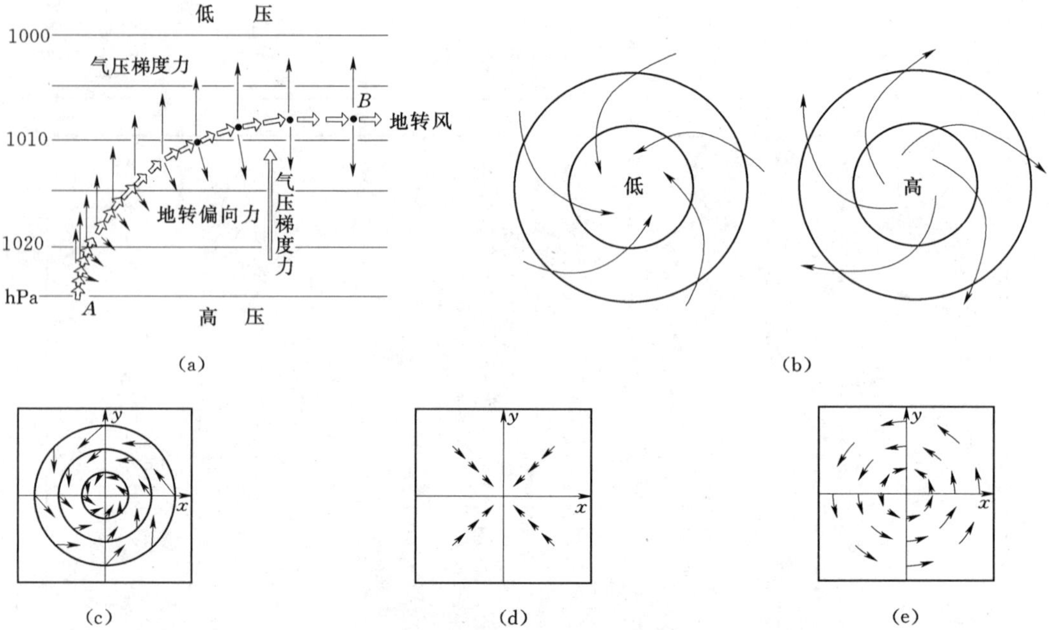

图 42　气压场中风的运动方式（张克家，1999 年）

(a) 地转风形成示意图（周淑贞，2004 年)；(b) 低压（左）和高压（右）中气流的运动方向（周淑贞，2004 年)；(c) 低压中实际风的运动；(d) 低压中风分解与等压线垂直的风；(e) 低压中风分解与等压线平行的风

23. 如何识别地面天气图和高空等压面图上的错误数据？

天气图上有时会有错误的气象观测数据，这种的数据往往记录不全。如果根据这些数值画等值线，会使等值线严重变形。如何判断哪些数据是错误的呢？

判断错误记录并不难。比如，比较同一时间不同台站之间的记录，看一看记录的数值是否合理；比较同一台站不同气象要素的记录，看一看记录是否合乎物理逻辑；比较同一台站不同时间的观测记录，看一看数据是否连续；另外，还可以比较同一台站不同高度等压面图上的观测记录，看一看是否符合三维空间的配置。判断记录是否错误，应当贯穿于天气图分析的全过程，比较时要综合运用，全面比较，注意地方性、日变化、天气系统的演变以及天气条件对记录的影响等。

当发现有错误数据时，可以对这一错误记录进行误差订正，方法有如下几种：

(1) 对偶然性误差的记录，应进行校对、比较和查算，如果记录误差明显而又容易改正的，就把它改过来使用。对那些记录虽错，但又不好改正的，只好将它舍掉。图 43 就是一个舍掉错误数据的典型例子。由图 43 圆圈中的一组数据看到，该点 $H_{500}=520$，而周围的数据均在 526 以上，如果认为它是一个正确数据，就要在这个地方画一个闭合低压中心，但实际上这一地区是典型的脊前西北气流，是均匀气流，不可能有闭合低压中心存在的，因此这个数据是错误的，可以舍掉。

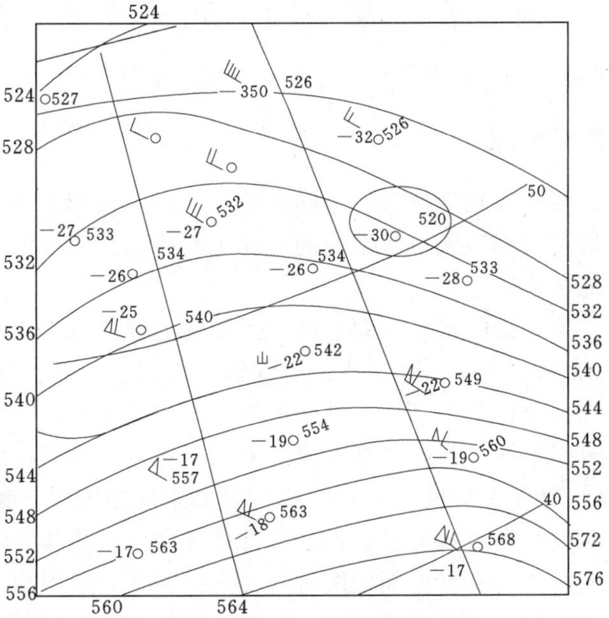

图 43　对错误数据的判断

(2) 对系统性误差的记录，应与周围台站同一要素的同时记录进行较长时间的比较，找出误差的规律，确定其订正值，然后使用。实际上在天气图上有些台站的记录经常有错误，对高空等压面图可参照表 29 订正。

为了说明表 29 的应用，特举例说明。

【例 4】　某站 700hPa 高度记录错误，$H_{700}=279$，$T_{700}=-20$℃，而该站 500hPa 的高度是正确的，$H_{500}=530$，$T_{500}=-36$℃，700hPa 和 500hPa 之间的平均温度为 $T_m=\overline{T}_{700}^{500}=-\left(\frac{20+36}{2}\right)=-28$，由表 29 查出 -28℃ 对应的厚度 $\Delta H_{700}^{500}=242$，则该站 700hPa

高度应为：$H_{700}=530-242=288$。

表 29　　主要等压面之间的厚度表（节选）（陆忠汉等，1984 年）

T_m	$\frac{850}{1000}$	$\frac{700}{850}$	$\frac{500}{700}$	T_m	$\frac{850}{1000}$	$\frac{700}{850}$	$\frac{500}{700}$
6	133	159	275	0	130	155	269
5	132	158	274	⋮	⋮	⋮	⋮
4	132	158	273	−27	117	140	243
3	131	157	272	−28	117	139	242
2	131	156	271	−29	116	139	241
1	130	156	270	−30	116	138	240

【例 5】　某站 $H_{700}=318$，$T_{700}=-26$℃，$H_{850}=159$，$T_{850}=8$℃，其中 700hPa 的温度记录是错误的，求该高度层的温度修正值。首先求得 $\Delta H_{850}^{700}=318-159=159$，由表 29 中查出 $\Delta H_{850}^{700}=159$。温度的对应值是 6℃，因为 $T_m=\overline{T}_{850}^{700}=-\left(\frac{T_{850}+T_{700}}{2}\right)=6$（℃），所以该站 700hPa 温度值应为 $T_{700}=2\times6-8=4$（℃）。

24. 如何画垂直剖面图?

为了了解某些气象要素或物理属性的空间分布和随时间连续变化的情况，有时需要分析剖面图。剖面图是研究天气系统空间结构的重要工具。剖面图有两种，一种是空间剖面图，另一种是时间剖面图。

空间剖面图取某气象要素的水平方向上的水平距离为横坐标，以高度或气压的对数为纵坐标。这种图需要的空间资料（常常是探空资料）比较多，制作和分析比较复杂。因此，只有在需要较详细地分析某一系统或某一地带的全面情况时才制作。

时间剖面图是以时间为横坐标，以高度或气压的对数为纵坐标。它是用来了解某一点（也可能是测站、或某一经度和纬度）上空一些气象要素随时间的连续变化情况。这种图只需要单站的高空（探空）资料就可以制作，日常工作中常常使用。

（1）空间剖面图的制作。①制作剖面图首先要选择剖线，一般取垂直剖面与海平面的交线。如果研究锋区的情况，剖面最好垂直于锋区，剖线方向的选择以能够清楚地表明研究系统的特点为准。所选择的剖线上应当有较多的观测站，如果数量较少，会影响分析的客观性。有时，为了了解某一经线上气象要素的结构，还会把剖线选择在某一经度上。②通常用专门的剖面图纸绘制剖面图，如毫米方格纸。剖面的方向也有规定，当剖线是经向或接近经向时，将北方定在图纸的左边，南方定在图纸的右边；当剖线是纬向或接近纬向时，将西方定在图纸的左边，东方定在图纸的右边。然后根据所选剖线上各测站之间的距离，以确定的比例定出各测站在横轴上的位置，在各测点的位置上画一条垂线，填上各测站的气象要素值，并在各位置点上标出站名，填上当时的地面气象要素的观测记录。如果所取剖线上地形较复杂，还应将地形剖面画出来。如图 44（a）所示，这是 1971 年 5 月 2 日北京—马公（位于澎湖岛西岸的一个观测站）一线的空间剖面图，图 44（a）的下

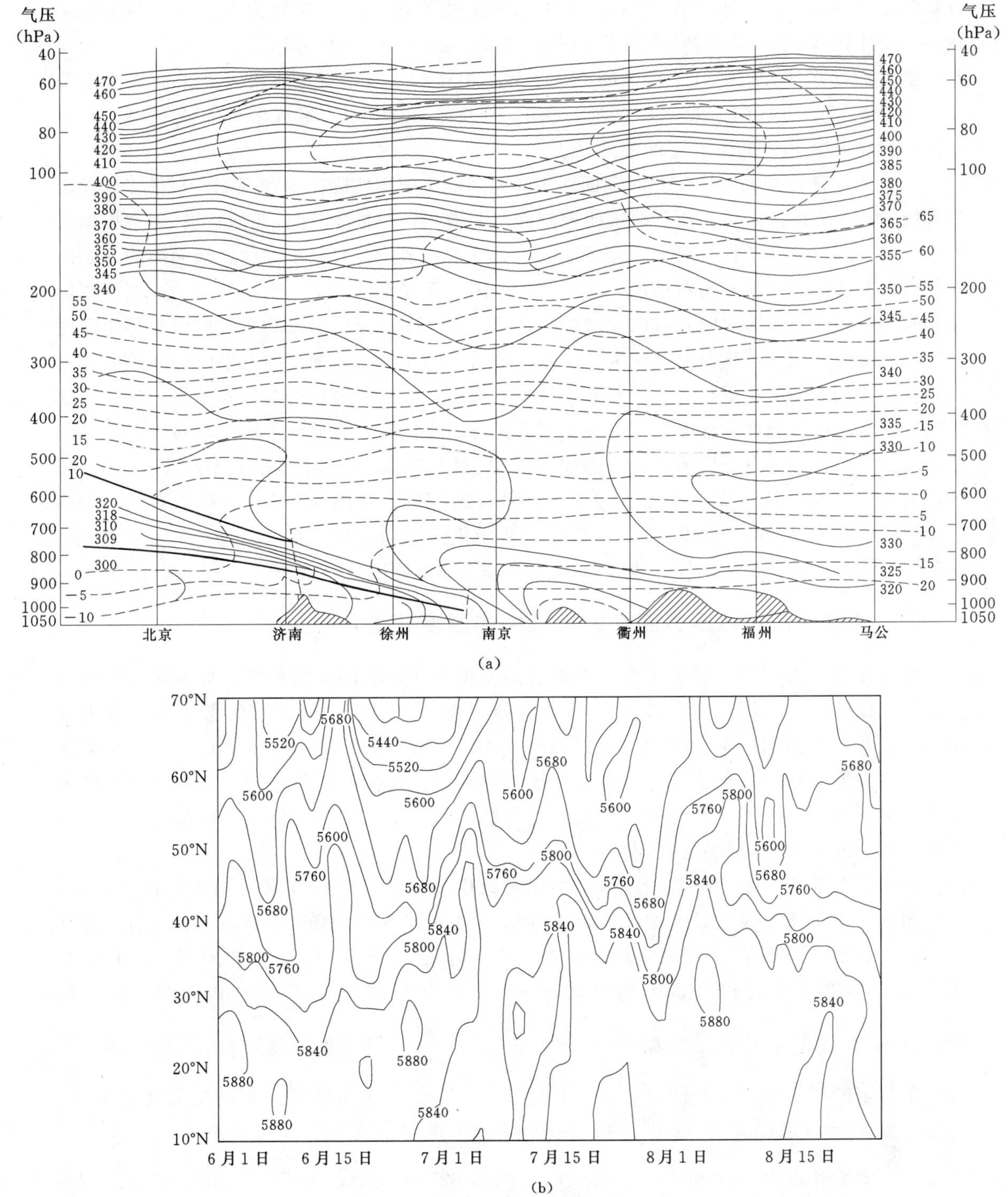

图 44 剖面图的示范图

(a) 1971 年 5 月 2 日北京—马公一线的空间剖面图(彭安仁等,1981年);(b) 2000 年 110°～120° E区域内平均 500hPa 等高线的纬度时间剖面图(卫捷等,2004年)

方是测站名称及观测数据（图中略），图中的细实线为等 θ_{se} 线，虚线为等温线，两条粗实线表示空中的锋区，地面锋位于北京和衢州之间，由图 45（a）可以看到，该锋区内的等 θ_{se} 线呈舌状，并且大致平行于锋区的上、下界。由于暖空气沿锋面上滑，在地面锋线前及锋面上等 θ_{se} 线呈舌状向上隆起，直至 500hPa 高度，在 200hPa 附近出现对流层顶。由此我们可以将从北到南的大气层的温湿状况了解清楚了。

（2）时间剖面图的制作。时间剖面图中时间间隔可根据实际需要和观测资料的多少及天气系统的移动方向而定，为便于分析研究剖面图上槽和脊的过境时间，时间坐标通常根据天气系统的移动方向来选择。对于中纬度地区，天气系统多是自西向东移动，剖面图的起始时间就列在左边，时间从左向右增加；对于热带地区，天气系统多是自东向西移动，剖面图的起始时间就列在右边，时间从右向左增加。这样，剖面图上分析出来的系统可以与等压面图上的系统配合，例如等压面上槽前为西南风，槽后为西北风，而剖面图上槽线前后风的分布也是如此。剖面图上所填写的气象要素和分析的项目，可根据分析的对象和工作、研究需要来选择，常用的有温度、湿度、风、气压（或位势高度）等。为了便于比较，对于温度、湿度和气压等要素还可以分析等值线。例如，图 44（b）就是 2000 年夏季北半球 110°～120°E 区域内的平均 500hPa 上的等高线和总云量的纬度时间图。从图 44（b）中可以看到，中国东部大陆区域内每天的 500hPa 上高、低压交替变化的活动过程，在 35°～48°N 区域内，高压系统长时间存在，是造成华北地区 2000 年夏季干旱的原因之一。

25. 如何利用对数压力图求出大气中的湿度要素？

温度对数压力图是一种表示大气中温、湿及热力状态的图。它可以全面反映某一地点的上空气压、气温与湿度等气象要素的垂直分布情况、判断大气层结的稳定性、分析云层、确定对流层顶的位置、观测雷暴的形成等，可以分析大气状态在绝热过程中的变化特征，还可简便地求算各种表征大气温湿特性的物理量，是实际工作中很有用的一种辅助天气图。由于相关的气象学教材中都对此有过介绍，本书中只举几个例子，以帮助大家了解如何求算大气中关于湿度的物理量。

（1）求饱和比湿 q_s 和实际比湿 q。温度对数压力图上不同气压和气温下的饱和比湿，可从图上等饱和比湿线（绿色实线）直接读出。如图 45（a）中的 $A(P,T)$ 点，当气温 $T = 10℃$，$P=950\text{hPa}$ 时，由图上可直接查出饱和比湿 q_s 为 8.0g/kg。如果图上没有正好通过 A 点的等饱和比湿线，可用内插法求得。由于露点温度下的饱和比湿 $(q_s)_{t_d} \approx 622\dfrac{e_{t_d}}{P}$，实际比湿 $q \approx 622\dfrac{e}{P}$，而 $e=e_{t_d}$，故 $q=(q_s)_{t_d}$。由此可见，要想求出实际比湿，只要根据给定的气压和露点［图 45（a）中的 $D(P,T_d)$］，求出该露点下的饱和比湿即可。例如，当 $P=950\text{hPa}$，$T_d=0℃$时，在图 45（a）上可求出 $q=4.0\text{g/kg}$。

（2）求饱和水汽压 e_s 和实际水汽压 e。在 $q \approx 622\dfrac{e}{P}$ 式中，当 $P=622\text{hPa}$ 时，饱和水汽压就等于同温度下的饱和比湿。而饱和比湿可以按上面的介绍求出来。因此，求饱和水汽压的方法是：根据给定的温度 t，在 622hPa 等压线上找到一点 F［图 45（a）］，读出通过该点的等饱和比湿线的数值，即得温度 t 时的等饱和水汽压值。例如，$t=7℃$时，从图

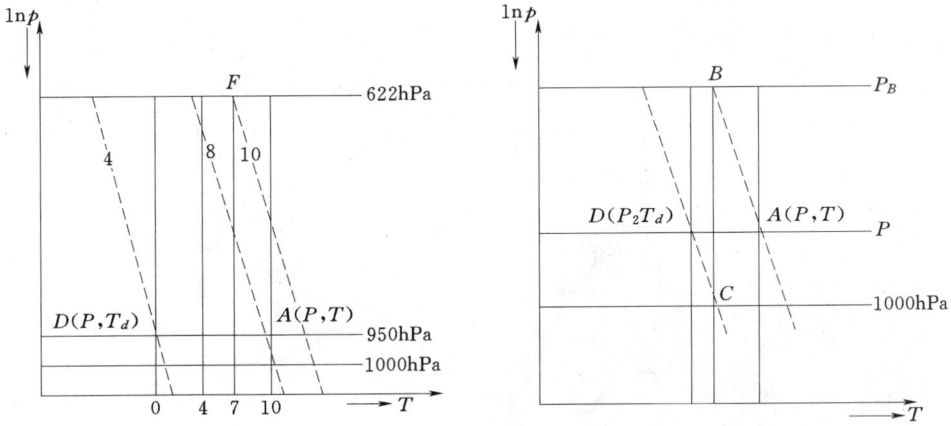

(a)　　　　　　　　(b)

图 45　温度对数压力图求湿度要素（彭安仁等，1981 年）

（a）饱和比湿和实际比湿以及饱和水汽压和实际水汽压的求法；（b）相对湿度的求法

45（a）中示出饱和水汽压约为 10hPa。用这种方法确定的饱和水汽压值与用湿度表所查出来的数值相比，其误差很少超过 4%。

同理，当 $P=622\text{hPa}$ 时，$(q_s)_{T_d}=e$，可见，要想求出实际水汽压，只要根据给定的露点温度，在 622hPa 等压线上求出露点下的饱和比湿即可。例如，当 $T_d=7$℃时，按此法求得的实际水汽压 $e=10\text{hPa}$。

（3）求相对湿度 U。已知气压、湿度、露点，求相对湿度时，可采用图和公式并用的方法。先从图上查出实际比湿 q 和饱和比湿 q_s，再作公式 $U=\frac{q}{q_s}\times100\%$ 算出相对湿度。如果直接从温度对数压力图上求算，可从图 45（b）沿通过 $D(P,T_d)$ 点的等饱和比湿线向下移动到 1000hPa 处，得到点 C，再沿 C 点的等温线上升到与通过 $A(P,T)$ 点的等饱和比湿线相交的 B 点，B 点的气压值（P_B）的 1/10（用百分数表示）就是状态 $A(P,T,T_d)$ 的相对湿度，即 $U_A=\frac{P_B}{10}\%$。例如，状态 A（900，15，10），在图上可求得 $U_A=72\%$。

26. 如何利用天气图中的露点温度推测大气中的水汽含量?

暴雨出现与否与大气中的水汽含量密切相关，在大气环流场配置合适的情况下，某地的水汽含量越高，并且还有源源不断的水汽输送，那么，该地就有可能产生暴雨。例如，图 46 是 2005 年 7 月 5 日出现长江流域连续性降水过程的地面和 850hPa、700hPa 等压面图。由图 46 可见，5 日 2 时长江流域有静止锋出现，8 时静止锋加强并略有南移。850hPa 和 700hPa 等压面图上在长江以北都有切变线出现。仔细分析可以发现，切变线以南有很强的西南风，这就是西南水汽输送带。而切变线北面有弱冷空气存在，与南方暖湿气流相遇产生静止锋。正是这股源源不断的西南水汽输送，才使得长江流域静止锋持续存在，导致长江流域长时间维持降水。

既然水汽与暴雨关系如此密切，如何才能了解大气中水汽数量的多寡呢?

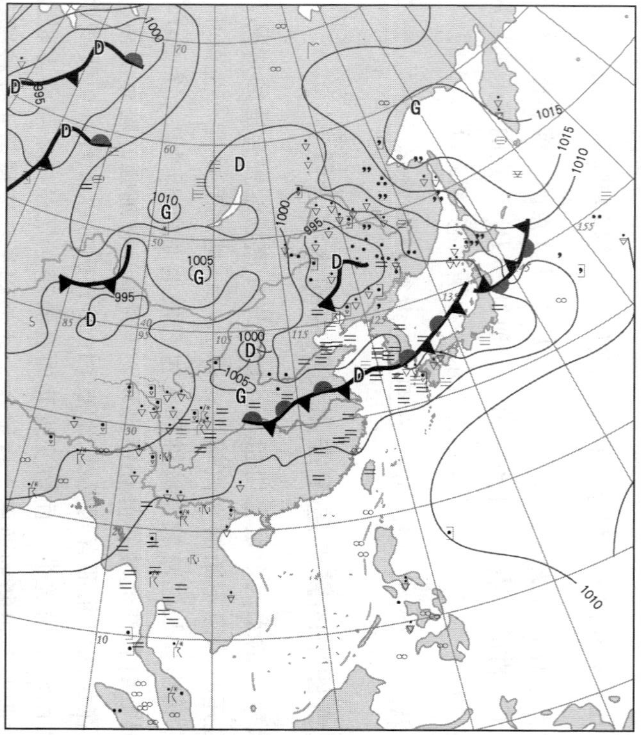

(a)

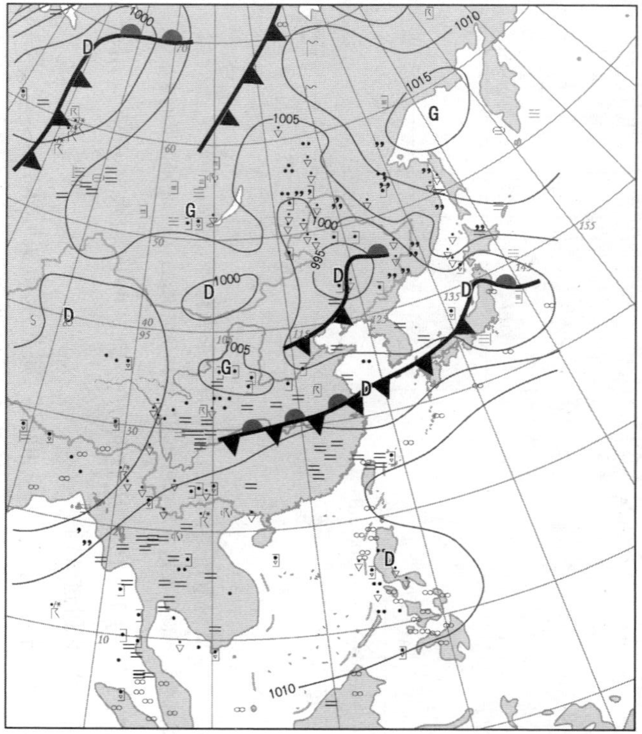

(b)

审图号：GS (2009) 389 号

图 46(一)　2005 年 7 月 5 日长江流域连续性降水过程

(a) 2005 年 7 月 5 日 2 时地面天气图；(b) 2005 年 7 月 5 日 8 时地面天气图

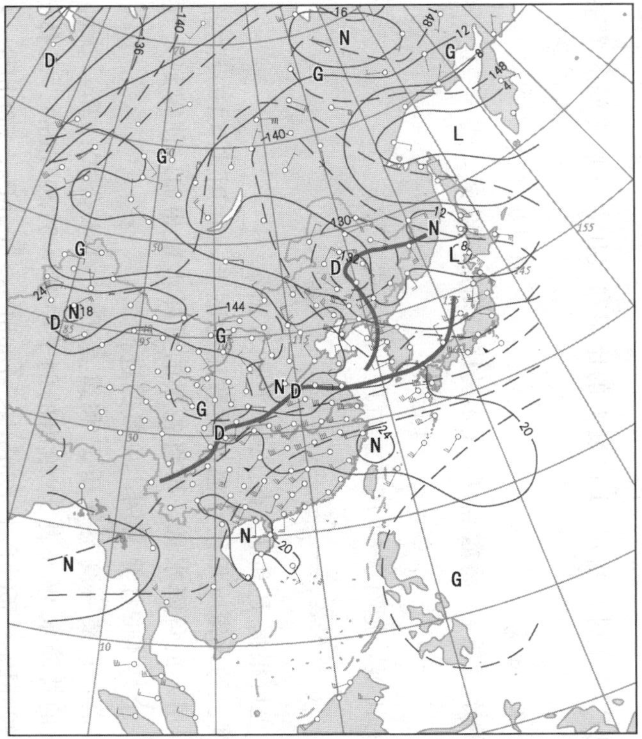

(c)

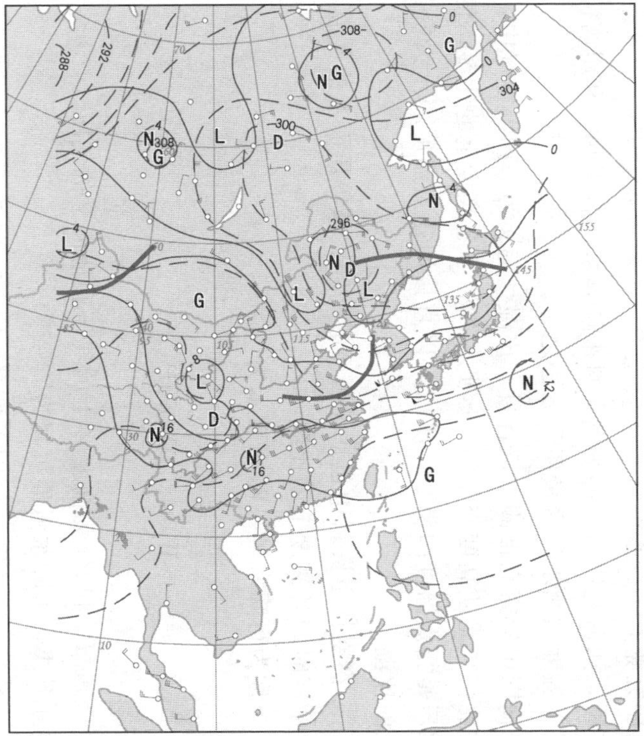

(d)

审图号：GS（2009）389 号

图 46(二)　2005 年 7 月 5 日长江流域连续性降水过程

(c) 2005 年 7 月 5 日 8 时 850hPa 等压面图；(d) 2005 年 7 月 5 日 8 时 700hPa 等压面图

大气中水汽的来源主要基于三个方面：一是降水区中本身的水汽含量；二是周围地区向降水区输送的水汽量；三是下垫面和空中水滴的蒸发量。因此，若想知道可降水量有多少，首先应当了解大气中究竟有多少水汽量。

水汽量的计算有多种，如何利用已有的观测资料来计算水汽含量呢？利用高空等压面图和地面天气图中的露点温度推测水汽含量便是方法之一。

（1）利用高空等压面图中的露点推测水汽含量。比湿（定义为一团湿空气中，水汽的质量与该团空气质量的比值）是随高度变化的，因此，知道了各高度上的比湿，便可得到水汽的质量。由于水汽压是露点温度的函数，所以可以直接用露点温度表示大气的湿度，进而可以求出各高度上的比湿。

由前面第 15 题知道，高空探空资料中包括等压面的高度、该等压面上的气温和露点，利用这些资料便可算出给定时间各高度上的比湿。

大气中的水汽量（或称为可降水量）W 可表示为

$$W = 0.01\int_{P_Z}^{P_0} q\,\mathrm{d}P \tag{18}$$

式中：q 为比湿；P 为气压；P_Z 和 P_0 为高度 Z 上的气压和地面上的气压。

对式（18）写成差分形式，可降水量便可写为

$$\Delta W = 0.01\sum \bar{q}\Delta P \tag{19}$$

$$\bar{q} = \frac{1}{2}(q_n + q_{n+1}) \tag{20}$$

$$\Delta P = P_n - P_{n+1} \tag{21}$$

式中：q_n，q_{n+1}，P_n 和 P_{n+1} 分别 n 和 $n+1$ 高度上的比湿和气压，它们之间的关系可用图 47 表示。

大气中水汽含量计算步骤为：

1）计算各高度上的水气压 e。将露点 T_d 代入马格努斯经验公式，得

$$e = 6.1 \times 10^{\frac{7.15T_d}{235+T_d}} \tag{22}$$

2）计算各高度上的比湿。把有关的 P 和水汽压 e 代入式（23）

$$q = 622\,\frac{e}{P - 0.378e} \approx 622\,\frac{e}{P}\quad (\mathrm{g/kg}) \tag{23}$$

求得各高度上的比湿。也可根据 P 和 T_d 查 T—$\ln P$ 图求出 q。

3）把求得的各高度上的比湿 q 填绘在温度对数压力图上，并用式（19）的差分格式求出各层（n 到 $n+1$ 气层）的可降水量。再将各层的可降水量相加，便得到大气柱的总可降水量。表 30 就是一个具体的计算实例，可参照进行。

由这个例子可以知道，只要有高空气压 P 和露点 T_d，代入公式计算，就可以计算出从地面到某一等压面的总降水 W（表 30 给出的例子中 W=51.07mm）。具体计算时，一般采用 1000hPa，900hPa，850hPa，800hPa，700hPa，600hPa，500hPa，400hPa，300hPa 和地面共计 10 层，这几个等压面都是探空资料有的数据，根据各等压面的 P 和 T_d 计算出各层可降水量，再计算出总降水量，图 48 就是计算可降水量的示意图。如果仅

有常规等压面（如 500hPa，700hPa，850hPa 和 1000hPa）数据，也是可以计算的，只是厚度层偏少而已。另外，如果需要计算更大范围的可降水，也可以使用美国 NOAA 的 NCEP/NCAR 资料，读取这个数据集中所需要的各个等压面层的数据，利用上述步骤，可以获得全球或半球的可降水。

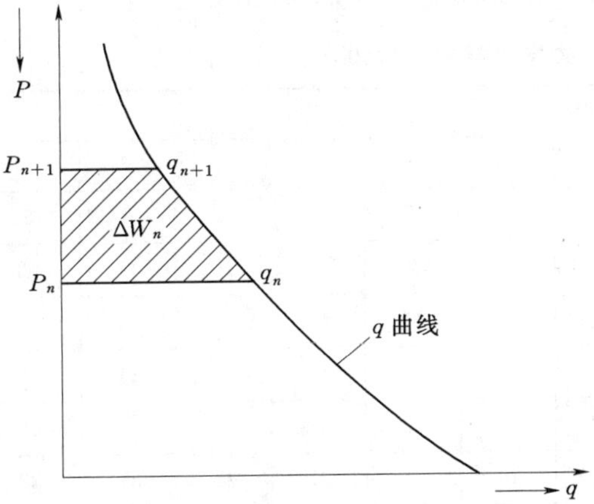

图 47　计算可降水量示意图

（成都水力发电学校，1980 年）

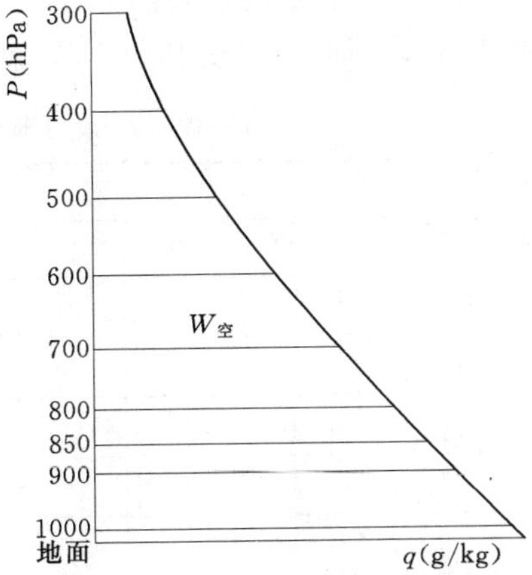

图 48　用高空等压面图上的资料计算大气可降水示意图（成都水力发电学校，1980 年）

表 30　　根据控空资料计算可降水量（成都水力发电学校，1980 年）

层次 n	气压 P (hPa)	气压差 ΔP (hPa)	比湿 q (g/kg)	平均比湿 $\bar{q}=\frac{1}{2}(q_n+q_{n+1})$ (g/kg)	$\bar{q}\Delta P$	可降水（mm）$\Delta W=0.01\bar{q}\Delta P$	$\overline{W}=\sum\Delta\overline{W}$
(1)	(2)	(3)	(4)	(5)	(6)	(7)	(8)
1	1005		14.2				0.0
		155		13.30	2060	20.60	
2	850		12.4				20.60
		100		10.95	1095	10.95	
3	750		9.5				31.55
		50		8.25	413	4.13	
4	700		7.0				35.68
		80		6.65	532	5.32	
5	620		6.3				41.00
		20		5.95	119	1.19	
6	600		5.6				42.19
		100		4.70	470	4.70	
7	500		3.8				46.81
		100		2.75	275	2.75	
8	400		1.7				49.64
		150		0.95	143	1.43	
9	250		0.2				51.07

（2）利用地面天气图中的露点推测水汽含量。当缺乏高空资料时，也可以利用地面露点温度来计算可降水。实现这种目的的关键是假定整层空气饱和并混合很好，暴雨天气情况下，大气中的水汽分布接近饱和，并且按假绝热递减上升，因此，这种假定是合适的。

利用地面天气图中的露点推测大气可降水的计算过程如下：

某地从地面到某一高度（一般用气压 P 表示）的单位气柱可降水 W 只是该地面露点温度 T_d 的单值函数，即

$$W = 0.01\int_{P_Z}^{P_0}\Phi(PT_d)\mathrm{d}P \tag{24}$$

由于式（24）过于复杂，人们为简化计算过程，将 P，T_d 和 W 的关系制成了专用查算表，见表 31，因此，只要知道 T_d，就可以查出相应于任一 P 下的 W 值。

表 31　$h—W—T_d$ 表（节选）（成都水力发电学校，1980 年）

高度（m）	1000hPa 露点（℃）											
	…	20	21	22	23	24	25	26	27	28	29	30
200	⋮	3	4	4	4	4	4	5	5	5	6	6
400	⋮	6	7	7	8	8	9	9	10	10	11	12
600	⋮	10	10	11	11	12	13	14	15	15	16	17
800	⋮	13	13	14	15	16	17	18	19	20	21	22
1000	⋮	15	16	17	18	20	21	22	23	25	26	28
1200	⋮	18	19	20	21	23	24	26	27	29	31	32
⋮	⋮	⋮	⋮	⋮	⋮	⋮	⋮	⋮	⋮	⋮	⋮	⋮

表 32　$P—W—T_d$ 表（节选）（成都水力发电学校，1980 年）

气压（hPa）	1000hPa 露点（℃）											
	…	20	21	22	23	24	25	26	27	28	29	30
⋮	⋮	⋮	⋮	⋮	⋮	⋮	⋮	⋮	⋮	⋮	⋮	⋮
990	⋮	1	1	2	2	2	2	2	2	2	2	3
980	⋮	3	3	3	3	4	4	4	4	5	5	5
970	⋮	4	5	5	5	5	6	6	7	7	7	8
960	⋮	6	6	6	7	7	8	8	9	9	10	11
950	⋮	7	8	8	9	9	10	10	11	12	12	13
⋮	⋮	⋮	⋮	⋮	⋮	⋮	⋮	⋮	⋮	⋮	⋮	⋮

例如，已知某一设计流域平均地面高程为 800m，地面露点 $T_d=22.2$℃，求可降水 W。①根据图 49 找出高度 800m 与地面露点 22.2℃的交点，然后沿湿绝热线（图 49 中的斜线）下滑到 0 高度（对应于 1000hPa），其交点就是 1000hPa 的露点温度，约为 25.8℃；②取气柱顶为 300hPa，因为 200～400hPa 以上水汽很少，通常取 300hPa 为层顶，即 300hPa 以上的水汽可略去不计；③根据测站高程（或与高程相当的气压）和 1000hPa 露点，查 1000hPa 到指定高度（高出地面的米数）之间的饱和假绝热大气中的可降水量（简称 $h—W—T_d$ 表，见表 31，或 $P—W—T_d$ 表，见表 32）与 1000hPa 露点函数关系表。

此例中，根据高程 $h=800$m，$T_{d,1000}=25.8$℃，从表 31 中可查得 1000hPa～800m 之间的气柱可降水量为 17.8mm，由表 31 查得 1000hPa～300hPa 之间的气柱的可降水为

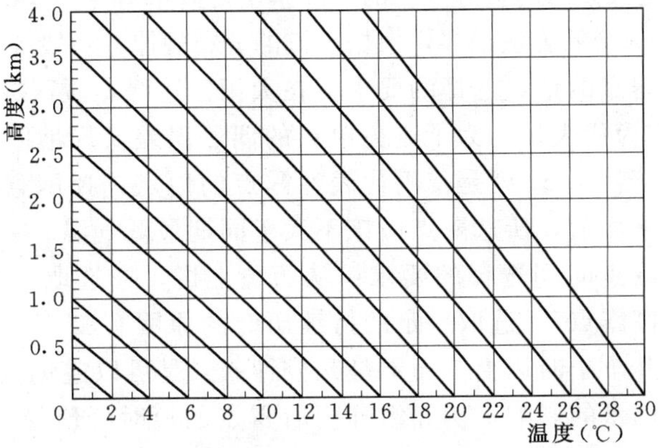

图 49　从测点高度化算到 1000hPa 露点的假绝热图

（成都水力发电学校，1980 年）

85.6mm，即

$$W_{1000hPa \sim 800m} = 17.8mm$$

$$W_{1000hPa \sim 300hPa} = 85.6mm$$

用 $W_{1000hPa \sim 300hPa}$ 减去 $W_{1000hPa \sim 800m}$，即得该站某时刻用地面露点温度推算的可降水 W（图 50）。$W = W_{1000hPa \sim 300hPa} - W_{1000hPa \sim 800m} = 85.6 - 17.8 = 67.8$（mm）

如果只需要简单的确定观测点的水汽含量，可以查表获得相应数据。如果需要计算大范围的水汽输送条件及可能产生的暴雨，最好用计算机编程处理，以便获得更为准确的水汽含量。

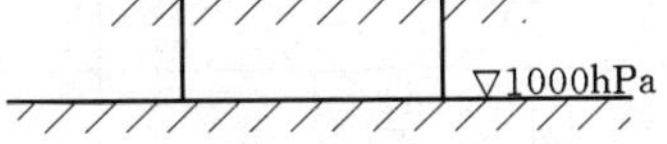

图 50　用地面露点温度计算可降水的示意图

（成都水力发电学校，1980 年）

27. 如何选择合适的有代表性的露点温度，以准确计算暴雨？

无论是气象预报，还是洪水预报，都需要较为准确的暴雨预测。利用地面或高空的露点温度便可推算单点可降水量。但是，暴雨出现时，往往是成片的或为区域性的。此时如何利用地面露点资料来估算暴雨落区及暴雨量大小呢？

所谓代表性露点，就是利用地面观测到的露点推算整层大气可降水，而且推算出的整层可降水能够反映造成这次暴雨的暖湿气团的实际整层可降水（即推算的可降水近似等于实际降水量）。代表性露点选择的方法很多，根据水汽的分布规律，一般应按下列原则进行。

（1）暴雨代表性露点的地点选择的要求：在大雨区边缘，暖区或水汽入流方向的途径上选 3～5 个气象站作为代表站，为了避免单点的偶然误差及局地因素的影响，可取几个测站同期露点的平均值，图 51 就是暴雨代表性露点的地点选择示意图。代表性露点应该是几个方框内数值的平均值，所选露点应该不大于同期最低气温。

（2）暴雨代表性露点时间选择的要求：从历史上讲，应选取一定持续时间的最高露点，即所谓“持续最高露点”。选取一定的持续历时的原因有二：一是水汽要对暴雨有显著影响，必须是持续几个小时以上，而不是几分钟；二是可以避免短历时特别是瞬时露点的偶然误差，或局部因素的影响，例如雷阵雨后露点的短时峰值等。对于持续最高露点，一般选择持续 12h（或 24h）后的最高露点，此时露点所算得的可降水与高空测得的可降水比较接近。例如表 33 就是每隔 6h 观测到的露点，其持续 12h 最高露点为 23℃。

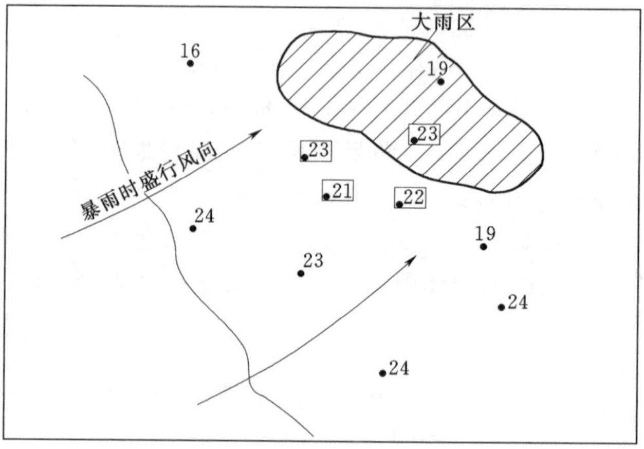

图 51　计算暴雨时代表性露点选择区域示意图

（成都水力发电学校，1980 年）

表 33　　　**某地观测的露点**

时间	月．日	8.2				8.3			
	时	8	14	20	2	8	14	20	2
露点（℃）		20	22	24	23	25	23	21	19

28. 如何利用天气图中的水汽来计算持续性暴雨？

水汽是产生暴雨的条件，但是，如果仅仅依靠当地上空所具有的水汽量，一旦水汽凝结释放了降水，水汽也就不存在了，降水就会立即停止。事实上，许多降水可以持续很长时间，如“75·8”大暴雨，就是由台风暴雨持续了 3 天所造成的。中国台湾新寮于 1967 年出现了 1672mm 的大暴雨，这次暴雨持续了 1 天。

如何才能产生持续性暴雨，这是研究暴雨和预报暴雨的关键。目前的研究结果表明，持续性暴雨形成必须有两个基本要素：一是发生暴雨一定要存在比一般性降水更稳定更充沛的水汽供应。中纬度地区夏季一块积雨云中全部水汽降落到地面也只相当于10～20mm的降水量。而有时某地产生暴雨后，当地比湿不仅没有下降，反而增加了10%，说明供给暴雨的水汽并不是由当地产生的，而是来自外界的水汽输送。因此，存在一条强大而稳定的水汽输送带是出现大范围的持续性暴雨的必要条件。二是要有持续的上升运动以及对流不稳定能的再生。水汽必须要上升达到凝结高度，才能凝结产生降水，而大气处于不稳定状态中，才会有上升运动，因此，上升运动还与对流不稳定能量的释放有关。

综上所述，持续性暴雨的出现与水汽有关，即持续不断的水汽输送和促使暖湿气流不稳定能的释放和再生。从天气图中寻找这种迹象通常有以下几种方法。

（1）水汽平流的诊断分析。在天气图上（主要是低空850hPa和700hPa等压面图）加绘等露点线或等比湿线。根据等高线与等露点线（等比湿线）的关系，分析干湿平流（图52）。图52中，高空槽前有明显的湿平流，槽后有明显的干平流，在纬度35°附近等露点线相对密集，这里是湿度平流最大的地方，而槽后北纬30°～35°之间等露点线最密集，是干平流最强的地方。因此，在风速大、等露点线密集且风向与等露点线交角较大的地方水汽平流也较强。

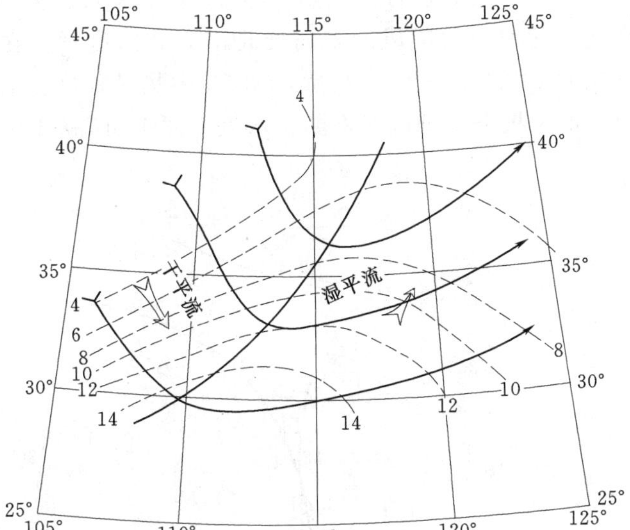

图52　湿度平流的定性分析（黑色带箭头的线为流线，虚线为等露点线）（乔全明等，1990年）

（2）水汽通量的计算和分析。单位时间流经垂直于水平风向的单位面积上的水汽质量称为水汽通量Q。其表达式为

$$Q=\frac{1}{g}\vec{V}q \tag{25}$$

式中：q为比湿，g/kg；$\vec{V}$为风矢量，m/s；g为重力加速度，m/s^2。

水汽通量是一个标量，它与风向构成一个矢量。

水汽的垂直输送可用水汽的垂直通量 Q_ω 表示

$$Q_\omega = \frac{1}{g}q\omega \tag{26}$$

式中：ω 为垂直速度，cm/s。

实际分析中，常常以水汽的水平输送为主，即主要分析水平水汽通量。其做法是将各观测站的水汽通量值填在天气图上，并以箭头标出风向，表示水汽的输送方向。图 53 给出的是一个例子。在图 53 上，等水汽通量线的中心就是水汽最大的区域，根据风向画出最大水汽通量轴（图 53 粗矢量线）就是水汽输送的通道，这个通道来自于南海，并指向长江流域，并在水汽通量中心处开始分成两个水汽通量轴，一个继续向北伸展，另一个转向黄海。水汽辐合区就是水汽通量轴前方水汽通量等值线密集区，该图上水汽辐合区就位于长江中下游。

（3）水汽源地的分析和推算。水汽源地就是指水汽的来源所在地。普遍意义上的水汽可以来源于任何可以产生蒸发的地方，包括地面、水面和海面等。但是能够进入降水区，并源源不断输送水汽的地方，才是产生降水的水汽源地。我国的水汽大多来自于南海、印度洋和太平洋。由于简单的观测数据分析还不能准确推算出水汽源地，但是对水汽输送通道的定性分析还是可以估计水汽源地的。例如，图 53 中主风向的方向以西南风为主，水汽轴便由西南指向东北，此时，西南风的来向便是南海和印度洋。在这次水汽输送过程中，水汽的源地便可视为南海和印度洋。当然，图 53 中热带地区没有观测数据，无法推测更南面的水汽源地，但是根据地理位置推断，水汽来源于南海和印度洋是没有错的。

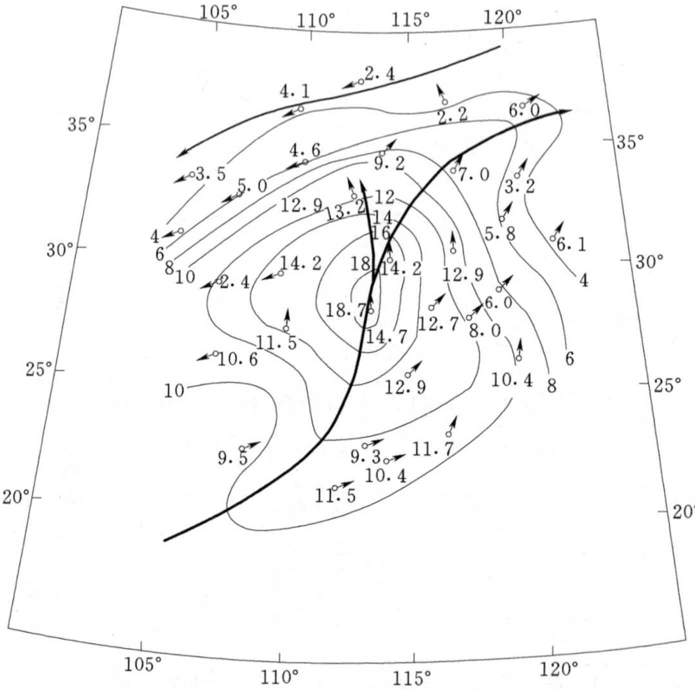

图 53　某日 20 时 700hPa 水汽通量分布图（乔全明等，1990 年）

(4) 水汽通量散度的计算。水汽通量只表示水汽来源、输送量大小和天气系统的关系，但是暴雨空间出自何处，雨量有多大，还要决定于各方面输送来的水汽是否能在某地集中，以及集中的程度不同。描述这一特征的物理量称为水汽通量散度，即某一空间范围内的水汽辐合（辐散）量。

水汽通量散度的定义是单位体积（底面积为 1cm^2，高为 1hPa）内辐合进来（或辐散出去）的水汽克数，也就是水汽的净流入（或流出）量，其表达式为

$$A_q = \nabla\left(\frac{1}{g}q\vec{V}\right) = \frac{\partial}{\partial x}\left(\frac{1}{g}qu\right) + \frac{\partial}{\partial y}\left(\frac{1}{g}qv\right) \tag{27}$$

式中：u 和 v 为东西方向的风速和南北方向的风速；$\frac{1}{g}qu$ 和 $\frac{1}{g}qv$ 为东西方向和南北方向的水汽能量分量。

写成差分格式

$$A_q = \frac{m}{2d}\left[\left(\frac{1}{g}qu\right)_A - \left(\frac{1}{g}qu\right)_C + \left(\frac{1}{g}qv\right)_B - \left(\frac{1}{g}qv\right)_D\right] \tag{28}$$

式中：m 为地图放大因子，如果计算区域较小，可取 $m=1$；d 为差分时所选择的网格距离（差分计算时的网格选取如图 54 所示，$AO=BO=CO=DO=d$，AB 为东西方向，CD 为南北方向，向西为正，向北为正），cm；当 $A_q>0$，表示水汽辐散，向外流出，这个水汽区为水汽源；当 $A_q<0$，表示水汽辐合，向内流入，这个水汽区为水汽的汇。表示辐合到气柱中的水汽全部凝结成水降落到地面，也表示从降水区以外的水汽通过水汽辐合集中到降水区上空，对该区域产生很大的贡献，是造成暴雨的重要水汽来源。

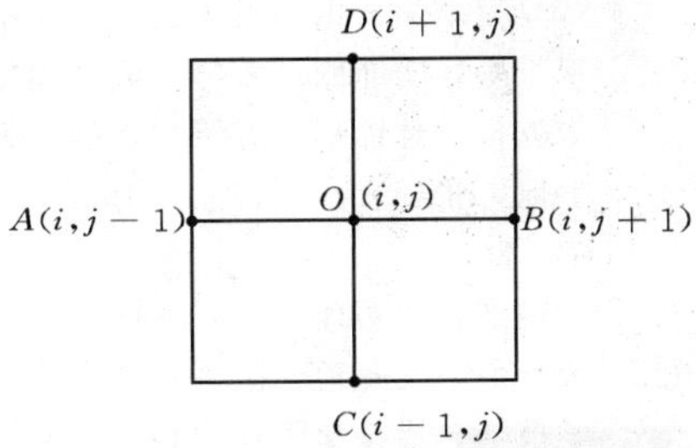

图 54　水汽通量散度差分计算示意图

现举例如下：在已知的 700hPa（图 54）上正方形网格 A、B、C、D 四点的气象资料见表 34，求 O 点的水汽通量散度。$d=150\text{km}$，$g=9.8\text{m/s}^2$，此处取 $m=1$。

$$(A_q)_{i,j} = \frac{1}{2d}\left[\left(\frac{1}{g}qu\right)_{i+1,j} - \left(\frac{1}{g}qu\right)_{i-1,j} + \left(\frac{1}{g}qv\right)_{i,j-1} - \left(\frac{1}{g}qv\right)_{i,j+1}\right] \tag{29}$$

$$= \frac{1}{3\times10^7}(-3.9+10.4-1.7+3.3) = 2.7\times10^{-7}\text{g/(hPa}\cdot\text{cm}^2\cdot\text{s)}$$

表 34　　　水汽通量散度计算

格点	气温 T（℃）	温度露点差 $T-T_d$（℃）	露点 T_d（℃）	比湿 q	风向 ddd	风速 ff（m/s）	$\frac{1}{g}q\vec{V}$	$\frac{1}{g}qu$	$\frac{1}{g}qv$
A	6.2	0.4	5.8	8.3	080	0.5	4.2	−3.9	−0.7
B	11.2	0.9	2.3	6.5	075	0.7	4.6	−4.7	−1.7
C	11.2	2.6	8.6	10.1	065	1.2	12.4	−10.4	−6.0
D	12.2	3.7	8.5	10.0	035	0.4	4.1	−2.3	−3.3

参 考 文 献

［1］ 周淑贞，张如一，张超．气象学与气候学［M］．北京：高等教育出版社，2004.
［2］ 李爱贞，刘厚凤．气象学与气候学基础［M］．北京：气象出版社，2004.
［3］ 成秋影．天气分析与诊断方法［M］．北京：气象出版社，1992.
［4］ 乔全明，阮旭春．天气分析［M］．北京：气象出版社，1990.
［5］ 成都水力发电学校．气象与天气基础［M］．北京：水利出版社，1980.
［6］ 林元弼．天气学［M］．南京：南京大学出版社，1988.
［7］ 彭安仁，陈林铫，仇永康．天气学（上）［M］．北京：气象出版社，1981.
［8］ 彭安仁，陈林铫，仇永康．天气学（下）［M］．北京：气象出版社，1981.
［9］ 陆忠汉，陆长荣，王婉馨．实用气象手册［M］．上海：上海辞书出版社，1984.
［10］ 谭海涛，王贞玲，余品伦，等．地面气象观测［M］．北京：气象出版社，1980.
［11］ 张克家，吴富山，王庆斋．大气中的风［M］．北京：气象出版社，1999.
［12］ 崔玉玺，胡绳照，孟婵．天气预报业务手册［M］．北京：气象出版社，1995.
［13］ 朱乾根，林锦瑞，寿绍文，等．天气学原理和方法［M］．北京：气象出版社，2000.
［14］ 卫捷，张庆云，陶诗言．1999 年及 2000 年夏季华北严重干旱的物理成因分析［J］．大气科学，2004.
［15］ 荣艳淑，段丽瑶，徐明．1997～2002 年华北持续性干旱气候诊断分析［J］．干旱区研究，2008.
［16］ 荣艳淑，段丽瑶，徐明．华北地区 1972 年和 1997 年干旱特征及其影响系统分析［J］．河海大学学报（自然科学版），2007.
［17］ 中国气象局．地面气象观测规范［M］．北京：气象出版社，2003.
［18］ 中国气象局．湿度查算表［M］．北京：气象出版社，1980.